아인슈타인의 생애

디아스포라(DIASPORA)는 독자 여러분의 책에 관한 아이디어와 원고 투고를 기다리고 있습니다. 디아스포라는 전파과학사의 임프린트로 종교(기독교), 경제·경영서, 일반 문학 등 다양한 장르의 국내 저자와 해외 번역서를 준비하고 있습니다. 출간을 고민하고 계신 분들은 이메일 chonpa2@hanmail.net로 간단한 개요와 취지, 연락처 등을 적어 보내주세요.

아인슈타인의 생애

초판1쇄 발행 1985년 12월 25일
개정1쇄 발행 2025년 07월 22일

지은이 쓰즈키 다쿠지
옮긴이 현원복·손영수
발행인 손동민
디자인 이지혜

펴낸 곳 전파과학사
출판등록 1956. 7. 23. 제 10-89호
주 소 서울시 서대문구 증가로18, 204호
전 화 02-333-8877(8855)
팩 스 02-334-8092
이메일 chonpa2@hanmail.net
공식 블로그 http://blog.naver.com/siencia

ISBN 979-11-94832-13-3 (03400)

- 이 책은 저작권법에 따라 보호받는 저작물이므로 무단전재와 무단복제를 금지하며, 이 책 내용의 전부 또는 일부를 이용하려면 반드시 저작권자와 전파과학사의 서면동의를 받아야 합니다.
- 파본은 구입처에서 교환해 드립니다.

아인슈타인의 생애

쓰즈키 다쿠지 지음 | 현원복·손영수 옮김

머리말

"만약, 소년 아인슈타인이 지금의 일본에서 살고 있다면, 아마도 대학에 합격할 만한 점수를 얻지 못했을 것이다."

나도 이 말에 동의한다. 아인슈타인은 오랜 과학사 속에서도 유래를 찾기 어려운 천재였다. 그는 우리가 살아가는 공간과 과거에서 미래로 흐르는 시간에 대한 사고방식을 근본부터 뒤바꿔 놓았다. 이처럼 뛰어난 두뇌를 지닌 학자라면 어학이나 사회 과목 정도는 쉽게 풀어냈을 것이라고 생각하기 쉽지만, 실제로는 꼭 그렇지만은 않았다.

그는 스위스 취리히에 있는 연방 공과대학(ETH) 입학시험에서 수학 과목은 최고점에 가까운 성적을 받았지만, 어학과 생물 과목에서는 거의 점수를 얻지 못해 결국 시험에 낙방하고 말았다. 이처럼 아인슈타인은 흥미를 느끼는 수학이나 물리학에는 철저히 몰두했지만, 관심 없는 과목에는 전혀 주의를 기울이지 않았다. 지금의 일본 학교 교육제도에 비춰 보면, 그는 일종의 '이단아'였던 셈이다. 경우에 따라서는 '낙오자'라는 낙인이 찍혔을지도 모른다.

만약 그가 오늘날 공통 1차 시험을 치렀다면, 사회나 어학 과목은 물론

물리를 제외한 과학 과목에서도 좋은 성적을 받기는 어려웠을 것이다. 결국 총점에서도 국공립대학의 합격선에 미치지 못했을 가능성이 크다.

이 사실은 곧, 오늘날 일본 사회에 진정한 천재가 존재하더라도 공통 1차 시험이라는 틀에서 벗어난 인재는 쉽게 탈락할 수 있다는 점을 의미한다. 다시 말해, 일본의 교육제도와 입시체계는 재능 있는 인재의 잠재력을 억누르고 있다는 비판을 피하기 어렵다.

본래 일본 사회는 다른 사람들과 같은 과목을 공부하고, 같은 일을 하며 그 안에서 성과를 내는 사람을 '우수하다'고 평가하는 경향이 있다. 반면 유럽 특히 미국에서는 '남은 남이고 나는 나'라는 사고방식이 뿌리 깊게 자리 잡고 있다. 주변 사람들이 쌀을 재배하고, 그 지역의 특산물인 채소를 기를 때 혼자만 엉뚱한 것을 만들거나 전혀 다른 삶을 살아가는 사람에 대해 미국 사회는 그 고독한 삶을 존중하고, 오히려 존경의 시선을 보낸다. 하지만 일본에서는 그런 사람을 두고 '별난 놈이다, 괴짜다, 싫은 놈이다'라고 평가하며, 뒤에서 험담하거나 소외시키는 경우가 많다.

이러한 문화적 차이는 본질적으로 수렵민족과 농경민족의 차이에서 비롯된 것일지도 모른다. 어쩌면 아인슈타인이 일본에서 태어나지 않은 것은 정말 다행스러운 일이었을지도 모른다. 그가 태어났던 시기의 독일은, 일본이 메이지(明治) 초기의 근대화를 추진하며 본보기로 삼았을 정도로, 유럽과 미국 중에서도 특히 전체주의적 성향이 강한 나라였다. "위쪽을 봐!"라는 말 한마디에 모두가 일사불란하게 움직이도록 하는 프로이센식 전통이 여전히 남아 있었던 것이다. 이러한 분위기와 인종차별은 젊은 아인슈타인에게 큰 고통을 안겨주었다.

'만약'이라는 가정은 본질적으로 무의미한 일이지만, 만약 그가 미국에서 태어났더라면 어떤 형태로 상대성이론에 도달했을지 접어두고라도 좀 더 평온한 생애를 마치지 않았을까? 그의 생애를 다양한 각도에서 살펴보고 이를 오늘날의 교육 현실과 비교해 보면, 일본 교육제도의 결점이 더욱 뚜렷하게 드러난다.

아인슈타인의 연구 업적이 얼마나 위대한지는 두말할 필요도 없다. 하지만 그보다 더 주목할 점은 주위 환경이나 세상의 평가에 굴하지 않고, 76년이라는 긴 세월을 꿋꿋하게 살아낸 그의 강인한 삶의 태도다. 그는 항상 "천재 물리학자"로만 불렸던 것은 아니다. 어린 시절에는 "너 같은 우둔한 아이는 학교에서 쫓겨나야 마땅하다"는 꾸지람을 들었고, 한때는 스위스의 뒷골목에서 끼니를 걱정하며 어렵게 살아야 했다. 상대성이론을 발표한 후에도 "악마의 학설" "그리스도교를 유혹하는 유다의 요술"이라는 비난과 협박에 시달렸으며, 그의 목숨에는 5만 마르크의 현상금이 걸리기도 했다. 그야말로 파란만장한 인생이었다.

이 책은 과학 잡지 『쿼크(Quark)』의 창간호(1984년 8월호)부터 2년간 연재된 내용을 바탕으로 한다. 아인슈타인의 연구와 삶을 소개하는 것이 목적이었지만, 그 의도가 독자에게 어느 정도 제대로 전달되었는지는 솔직히 의문이 남는다. 특히 생활면에서는 많은 전기 작가들이 오류를 범하고 있다는 지적도 있었다. 대표적인 예로 소년 시절에 그가 다녔던 스위스 학교의 성적평가가 원래는 1에서 5까지였는데, 중간에 변경되어 5에서 1로 순서가 바뀌면서, 그의 성적이 실제보다 더 나빴던 것으로 오해되었다는 것이다. 실제로 그런 오해가 있었을지도 모르지만, 그렇다고 해서 그가 항상 모든 과목에서 "우수"한 성적을 받았던 것은 아니다. 외국어(그에게는 국어가 독일어이고 외국어는 프랑스어 등)나 일부 과목에서는 아무래도 성적이 좋지 않았던 것으로 보인다.

끝으로 이 자리를 빌려 『퀴크』와 『블루백스(Blue Backs)』 편집부에 감사의 마음을 전한다. 아울러 매력적인 삽화를 그려 독자의 흥미를 불러일으켜 준 시노자키(篠崎三郎) 씨에게 깊이 감사드린다.

차례

- 머리말 ·· 004
1. 상대성이론을 한마디로 말하자면 ···················· 011
2. 창가의 알베르트 ·· 027
3. 공무원으로서의 알베르트 ······························ 041
4. 플랑크와 아인슈타인 ······································ 053
5. 상대성이론을 더 자세히 살펴보자 ················ 065
6. 시간이여, 더뎌져라! ······································ 077
7. 빛보다 빠른 것을 찾자 ·································· 089
8. 상대성이론의 이해자들 ·································· 101
9. 빛나는 대학교수 시절 ···································· 111
10. 드디어 일반상대성이론으로 ························ 123
11. 프라하의 친구와 적 ···································· 133
12. 제1차 세계대전과 일반상대성이론 ·············· 145

13. 휘어진 공간의 불가사의 ················· 157
14. 밀레바, 엘자 그리고 고독 ················ 169
15. 우주에 중심이 있는가? ·················· 183
16. 시간, 공간, 질량 ······················· 193
17. 아인슈타인의 노벨상 수상 ··············· 203
18. 일본에서의 40일간 ····················· 215
19. 다가오는 어두운 날 ···················· 227
20. 보어와 아인슈타인 ····················· 237
21. 히틀러와 아인슈타인 ··················· 251
22. 공간, 물질 그리고 핵에너지 ············· 263
23. 프린스턴의 석양 ······················· 273
• 옮긴이의 말 ··························· 288

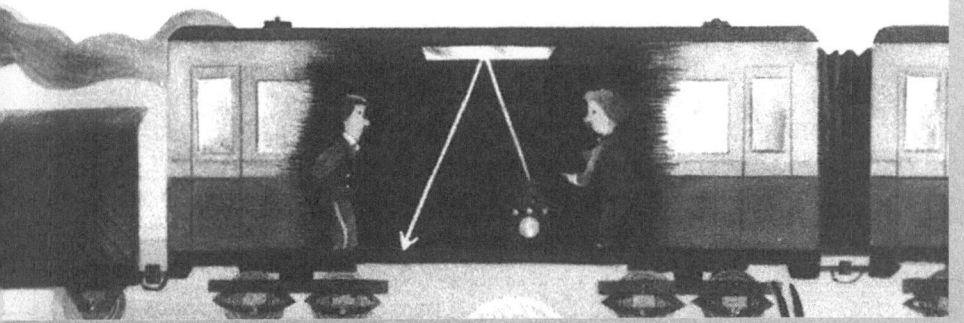

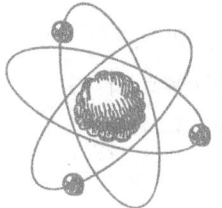

1

상대성이론을 한마디로 말하자면

상식을 초월한 이론

'상대성이론'이라는 말이 세상에 등장한 것은 1905년이다. 그러니 그 시절을 생생히 기억하는 사람도 이제 거의 찾아보기 어렵다. 하지만 이 이론은 한 세기 가까운 세월 동안 살아남아, 오늘날에도 그 지위를 유지하고 있다. 그리고 그 난해한 이론, 상식을 초월하는 사고방식으로 많은 이들의 호기심을 자극하고 있다.

과연 이 이론은 평범한 사람이 감히 접근할 수 없는, 신비로운 수수께끼 같은 것일까? 수학이나 물리학에 깊은 소양이 있는 사람만이 이해할 수 있는 대상일까?

물론 아인슈타인은 분명 대단한 천재였다. 그러나 아무리 천재라 해도, 자연과학은 예술이나 문학과는 달리 누구나 공유할 수 있는 일정한 기초 위에 세워져 있다. 예를 들어 2와 4를 더하면 6이 되는 것은 아인슈타인이라고 해서 다르게 나오는 것이 아니다. 반지름 인 원의 면적이 이 되는 것도 마찬가지다. 문외한이 계산하든 아인슈타인이 계산하든 결과는 같다.

물론 일반 독자가 복잡한 수식을 끝까지 따라간다는 건 어려울 수 있다. 그러나 수식을 제외한 개념의 윤곽만큼은 누구나 이해할 수 있다. 이 책은 바로 그런 입장에서 상대성이론을 중심으로 아인슈타인의 업적과 그 주변 이야기를 함께 살펴보고자 한다.

100m가 60m로 보일 수 있다고?

왜 상대성이론 또는 간단히 상대론이라고 부를까? 상대란 절대의 반대말이다. 아인슈타인의 주장을 알기 쉽게 풀어 말하자면, 길이, 시간, 질량(무게) 같은 물리량은 사실 절대적인 의미를 지니지 않는다는 것이다.

예를 들어 지상에 가로 너비가 100m인 빌딩이 하나 서 있다고 해보자. 이만하면 꽤 큰 건물이다. 이 100m라는 길이는 흔히 변하지 않는 사실이어서 바뀌지 않는다. 누가 어떤 방법으로 재든지 100m라는 사실이 바로 절대성이다.

그런데 아인슈타인은 그렇지 않다고 말한다. 그에 따르면, 이 빌딩을 관측하는 입장에 따라 이것이 80m로도, 60m로도 달라질 수 있다.

예를 들어 이 빌딩을 향해 매우 빠른 속도로 달려가는 로켓 안에서 관측하면, 로켓 안에 있는 사람에게는 이 빌딩의 너비가 100m보다도 짧게 보인다. 왜 그런 현상이 생기는지는 뒤에서 설명하겠지만, 우선 기억해 둘 점은 다음과 같다. 관측자의 입장이 달라지면 '길이'라는 물리량도 달라진다는 사실이다. 실제로는 로켓의 속도가 빛의 속도의 90 퍼센트 이상이 되지 않는 한, 길이의 단축 현상은 나타나지 않는다. 따라서 여기서 하는 이야기는 다소 비현실적일 수 있다. 어쨌든 자신을 향해 달려오는 물체의 길이는 단축되어 보인다.

더욱이 이때 100m가 본래의 정확한 길이이고, 80m나 60m는 단순히 겉보기의(또는 환상의) 길이라고 생각하는 것은 옳지 않다. 100m, 80m, 60m 모두 나름의 관측 조건에서 옳은 길이다. 절대적인 길이라는 개념은 존재하지 않으며, 모든 길이는 상대적인 것이다. 상대성이론이라는 말을 이렇게 생각하면 이해하기 쉽다.

그런데 "빌딩이라든가, 나무라든가, 산 따위의 물체가 단축된다"는 식의 표현만으로는 아직 충분하지 않다. 실제로는 빌딩이 서 있는 공간 자체가 단축되는 것이다. 막대가 단축된다거나, 빌딩이 단축된다고 하면, 우리는 보통 어떤 거대한 힘을 연상하게 된다.

그러나 상대성이론은 그런 단순한 역학(力學)의 개념이 아니다. 공간 자체가 단축되는 것이다. 좀 더 정확하게 표현한다면 공간의 길이와 너비는 그 속에 있는 사람이 '입장'에 따라서 달라진다. 이것이 바로 아인슈타인의 주장이다. 이러한 결론만을 들으면 마치 기묘한 SF 이야기처럼 느껴지는 것도 무리는 아니다.

빛에 가까운 속도로 날고 있는 잠자리에서 본 주위의 경치.
실제 잠자리의 시야는 훨씬 더 좁다.

시간의 단축이란?

상대성이론에서는 공간뿐만 아니라 시간의 흐름도 전적으로 상대적인 개념이 된다. 길이가 짧아진다는 것은 (매우 기묘한 일이지만) 그런대로 이해가 간다. 그러나 시간이, 그것을 측정하는 '입장'에 따라 달라진다는 것은 도무지 이해가 안 된다.

서로 고속으로 달려가고 있는 두 체계에서는 상대방의 길이도 시간도 자기 기준의 시간과 비교해 모두 단축되어 나타난다.

길이의 단축은 그림으로 표현할 수 있으며, 실제로 그림을 그려보면 (그 이치가 어떻든 간에) 사실 자체는 어느 정도 이해할 수 있다. 그러나 시간이 짧아진다는 것은 도대체 무엇을 말하는 걸까?

이를테면 시간의 경과를 자와 같은 것으로 생각해 보자.

자신과 상대는 동일한 '시간을 재는 자'를 가지고 있다고 가정하자. 이때 자신의 '1시간의 자'를 1m라고 하면, 상대는 단축되고 있으므로 그의 '1시간의 자'는 50cm밖에 안 된다. 나의 1m(1시간)짜리 자는 상대에게는 50cm의 두 배에 해당한다. 즉 2시간에 해당하는 셈이다. 따라서 '나의 1시간 동안 한 행동과 상대의 2시간 동안 한 행동이 같다'고 생각할 수 있다. 그리고 상대는 '나와 비교할 때 총총걸음의 마치 고속도로 돌아가는 영화처럼 움직이고 있다'라고 생각하는 것은 잘못이다. 상대성이론의 결과는 이것과는 반대가 된다. 순순히 자기의 1시간은 상대의 30분이라고 해석하지 않으면 안 된다.

또 같은 시계를 가졌다고 하고, A라는 순간부터 B라는 순간까지가 자신에게는 1시간이라는 긴 시간인데, 상대의 시간은 축소되어 AB간이 30분밖에 안 된다고 생각해도 무방하다.

상대는 꽤 오랫동안 살아 있었을까?

빛의 90퍼센트 이상의 속도로 달리는 로켓 같은 것은 현재로서는 전혀 현실성이 없는 이야기지만, 이론상으로는 그런 것이 존재한다고 생각해도 괜찮다. 예를 들어 빛의 속도가 훨씬 더 더뎌진다고 하면……이라는 전제로 사물을 생각해 보는 것도 매우 재미있다. 즉 느릿느릿하게 빛이 달려가는 또 하나의 세계를 생각해 보는 것이다.

이야기를 자신과 상대의 갓난아기 시절부터 시작한다고 해 보자. 시간의 흐름에 따라, 자신이 초등학생이 되었을 때 상대는 아직 유치원생이고, 자신이 대학생이 되었을 때도 상대는 중학생에 머물러 있다. 자신이 장년이 되었을 무렵, 상대는 이제 막 청년기에 들어선 정도라고 하자.

서로가 70세에 죽는다고 하자. 그런데 상대가 이쪽 나이로 말하면 140세에 죽은 것처럼 보인다고 해서 '상대는 꽤 오래 살았구나'라고 생각해서는 안 된다. 상대편의 입장에 서면 70년간을 그저 보통으로 살아왔고 죽었을 따름이다. 즉 운동 방법이 다른 세계에서는(결론적으로 속도가 다르면) 공통의 시간이란 존재할 수 없다. 길이뿐만 아니라 시간도 상대적인 것이다.

 여기서 한 가지 의문이 생긴다. 서로가 상대를 더 젊다고 생각하고 있다면, 수십 년이 지난 뒤 두 사람을 비교했을 때 실제로 어느 쪽이 더 나이를 먹었을까? 그러나 사실 이 질문은 적어도 특수상대성이론에 관한 한 의미가 없다. 1905년에 발표된 특수상대성이론은 서로가 등속도로 움직이는 경우만을 대상으로 하고 있다. 그렇기 때문에 특수한 것이다.

 속도가 바뀐다. 즉 두 사람 사이에 가속이 있을 때 상황은 급격히 복잡해진다. 이에 관한 연구는 그로부터 약 10년 후인 1915~1916년에 등속(等速), 가속(加速)을 포함한 일반상대성이론으로 제안되었다.

 그러므로 서로가 등속으로 스쳐 간다. 그리고 멀어진다. 상대가 젊다고만 생각한다…… 그렇지만 떨어져 나간 두 사람은 그 후 다시 만날 기회가 없다. 서로 상대의 젊음을 부러워할 뿐이다. 특수상대성이론에서는 이 이상 아무 결론도 나오지 않는다.

 그렇다면 한쪽이 뱅글뱅글 돌아서 다시 돌아온다면 어떻게 될까? 돈다는 것은 힘을 가해 운동의 방향을 바꾸는 것이므로 가속하는 것이 된다. 따라서 이 사태는 일반상대성이론의 문제가 된다. 이 경우에는 둘 중, 즉 가속한 쪽이 나이를 먹지 않는 것이다. 일반상대성이론에서는 가속되는 계(系)에서는 시간의 경과가 더디다.

빨리 달릴수록, 물질의 질량은 점점 증가해 간다.

빨리 달려가면 무거워진다

특수상대성이론의 또 다른 결론으로, 공간이나 시간의 단축 외에도 질량(알기 힘들면 일단 무게라고 생각해 두자)의 변화라는 현상이 있다. 화학 반응에서는 질량 보존의 법칙(형태나 성질은 바꿔도 무게는 바뀌지 않는다)이 있는데, 상대성이론에서는 이미 이 법칙이 통용되지 않는다. 빨리 달려가면 달려갈수록 달려가는 물체의 질량이 증가하는 것이다.

"질량이 증가한다"는 것은 과연 어떤 의미일까?

예를 들어 쌍둥이 형제가 있다고 하자. 형이 광속에 가까운 로켓을 타고 지구를 출발했다. 그 후 우주여행에서 돌아와 보면 나이 든 동생과 만나게 될 것이다.

지상에서의 일반적인 실험에서는 저울에 물체를 올려 그 무게를 잰다. 그러나 맹렬한 속도로 달려가는 물체를 저울에 올릴 수는 없다. 그래서 우리는 '같은 힘을 가했을 때 가속하기 어려울수록 질량이 크다'고 생각한다. 이 성질을 바탕으로 질량 증가 현상을 이해하면 훨씬 쉽게 접근할 수 있다.

물론 다소 비현실적 이야기이긴 하지만, 엄청난 추진력을 지닌 로켓이 있다고 가정해 보자. 이 로켓은 연료가 풍부해 늘 일정하게 분사하면서 계속해서 동일한 힘으로 로켓을 전진하려 한다. 우주 공간은 진공 상태이

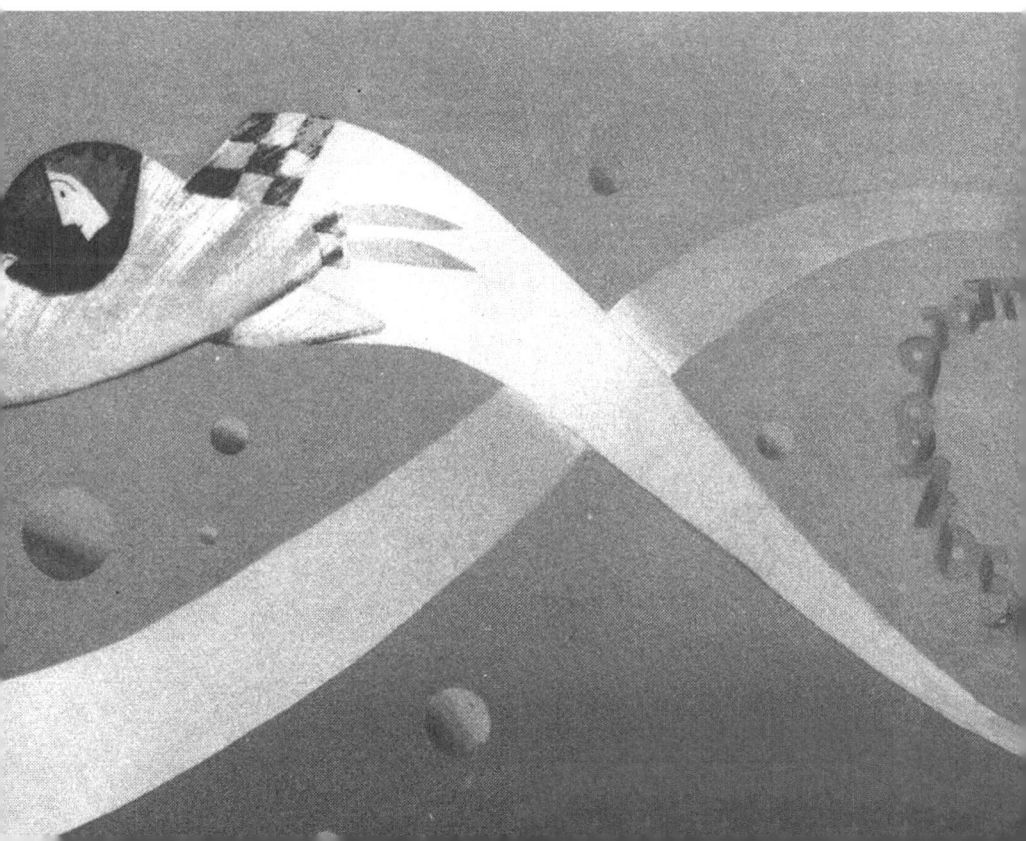

므로, 로켓이 전진하는 데 저항은 전혀 없다. 실제로는 연료의 소비 때문에 로켓이 조금씩 가벼워지겠지만 여기서는 그 부분은 무시하기로 한다.

뉴턴 역학(아인슈타인 이전의 비상대론적 역학)에서는 힘이 일정하고 질량이 일정하다면 당연히 가속도도 일정하다고 본다. 시간이 지나면 일정한 증가율로 한없이 빨라지기 마련이다. 그리고 오랜 시간이 흐르면 마침내 빛의 속도(초속 30만km)를 넘어서게 된다.

그러나 현실 세계에서는 빛보다 더 빠른 것은 존재하지 않는다. 이는 실험으로도 확인된 사실이다. 이것만으로도 뉴턴 역학이 전적으로 옳다고만 할 수 없음이 명백해진다. 빨리 달려가면 달려갈수록 질량이 증가한다고 하지 않으면 모순이 생긴다. 이를테면 빛보다 더 빠른 것이 있다는 것으로 된다.

'질량은 변화한다'는 사실을 바탕으로 에너지 E와 질량 m(mass의 머리글자)과의 관계를 살펴보면, 마지막에는 $E=mc^2$의 식에 도달한다. 광속도 c는 어떤 경우에도 일정하므로(이 같은 일정한 값을 보편상수라 한다) E와 m은 비례하는 것이 된다. 즉 질량 자체가 바로 에너지인 것이다.

에너지라는 개념은 물리학에서 여러 형태로 나타난다. 위치가 높은 것, 빠른 것, 뜨거운 것 또는 음파, 전류 등 여러 가지이나, 어쨌든 이들 자연과학적인 가치를 가리켜 에너지라고 부른다. 에너지 단위로는 에르그(erg), 줄(J)(열에너지는 특별히 칼로리=cal)로 나타낸다. 이 단위를 사용해 1g의 질량을 에너지로 환산하면 2만 톤의 TNT 화약과 맞먹는다. 제2차 세계대전 말에 일본의 히로시마에 투하된 원자폭탄과 같은 정도의 엄청난 것이다.

눈앞에 있는 1g의 돌멩이도 이론적으로는 그와 동등한 에너지의 덩어리다. 현재의 돌멩이가 갑자기 사라져서 에너지가 된다는 것은 생각할 수 없다. 현재로는 핵분열이나 핵융합 때에 물질 속에 극히 작은 부분이 에너지로 바뀌는 것을 볼 수 있을 뿐이다.

천재의 성적표

상대성이론의 결과로 생각할 수 있는 현상에는 지극히 비상식적이라기보다는 차라리 반(反)상식적인 일이 많다. 뉴턴 역학 이후의 정통 물리학을 고집했다면, 상대성이론은 태어날 수 없었을 것이다. 아인슈타인이라는 한 젊은이의 '직감'에 의해 물리학은 그 기초부터 송두리째 뒤흔들렸다. 아인슈타인이 천재라는 사실에 이론을 제기할 사람은 아무도 없다. 그렇다면 그는 소년 시절에 공부를 잘하고 시험 성적이 뛰어난 아이였을까?

사실은 그렇지 않았다. 아인슈타인은 못하는 과목이 더 많았고, 단체 생활에도 거의 어울리지 못했으며, 학교 규칙에는 거부 반응을 보인 매우 평범한 소년이었다. 이제 아인슈타인의 성장 과정을 잠시 더듬어 보기로 하자.

2

창가의 알베르트

알베르트 아인슈타인(Albert Einstein)은 1879년 3월 14일, 독일 남부의 울름(Ulm)이라는 작은 마을에서 태어났다. 현재는 인구 약 7만 명의 어엿한 도시가 된 울름도, 당시에는 한적한 시골 마을에 불과했다. 그가 태어난 집은 제2차 세계대전 말기인 1945년, 연합군의 폭격과 포격으로 완전히 파괴되고 말았다.

일반상대성이론이 제창되고(1916년), 그의 이름이 세계적으로 알려지자 울름시 당국도 1922년 시 외곽의 한 거리에 아인슈타인가(街)라는 이름을 붙였다. 그러나 1933년 히틀러가 정권을 잡은 후, 아인슈타인이 유대인이라는 이유로 이 이름을 없애고 피히테가로 고쳤다.

피히테(Johann Gottlieb Fichte, 1762~1814년)는 나폴레옹 치하의 베를린에서 "독일 국민에게 고함"이라는 공개 연속 강연을 한 철학자였다. 제2차 세계대전이 끝나고 유대인을 배척했던 나치 정권이 붕괴하자, 울름 시민들은 거리 이름을 다시 아인슈타인가로 되돌렸다.

그러나 아인슈타인 일가는 알베르트가 태어난 지 불과 1년 후인 1880년, 울름에서 약 130km 떨어진 동쪽 도시 뮌헨으로 이사 갔다. 그곳에서 아버지 헤르만(Herman)과 큰아버지 야곱(Jakob)은 작은 가내공업

(家內工業)을 경영하며 소형 전기기기와 측정기를 만들고 있었으나 사업은 별로 신통하지 못했다.

알베르트는 이곳에서 초등 의무교육을 마친 뒤, 김나지움(Gymnasium, 장래의 대학에서 전문교육을 받을 것을 전제로 한 중등교육기관)에 입학했다. 그러나 획일적인 교육 방법은 그의 성격과 잘 맞지 않았고, 그는 점점 이 환경을 참기 어려워했다.

당시 독일은 오토 폰 비스마르크(Otto Eduard Leopold von Fürst Bismarck, 1815~1898년)의 부국강병 정책(富國强兵定策)이 한창이던 시기로, 과학·예술진흥을 부르짖고 있으면서도 한편으로는 국민에게 정신주의(精神主義)를 강요해 학생·생도들에게는 통일적 단체 행동을 강요하고 있었다. 마치 제2차 세계대전이 끝날 무렵까지의 일본과 흡사한 데가 있었다.

프랑스어와 라틴어에는 낙제점

아인슈타인은 읽고 싶은 책을 읽고, 배우고 싶은 것을 차분히 배우며, 혼자 사색에 잠기는 것을 좋아하는 성격이었다. 그런 그에게 프로이센식의 획일적 전체교육은 그야말로 질색이었다. 후에 대천재로 불리게 된 아인슈타인이지만, 결코 모든 과목에서 뛰어난 성적을 거둔 건 아니었다. 오히려 못하는 과목이 더 많았다. 특히 암기과목은 무엇이건 싫어했고, 자연과학 중에서도 생물학은 영 취약했다. 어학 실력도 형편없었다.

그는 53세에 미국으로 이주해 76세에 죽을 때까지 23년간 미국에 살았지만, 끝내 영어를 완전히 익히지 못했다고 전해진다.

만년에 학자들끼리 영어로 토론하다가도 논쟁이 열기를 띠게 되면 독일어가 연신 튀어나왔다. 즉, 천재란 결코 만능이 아니라는 증거인 셈이다. 김나지움 시절에는 프랑스어와 라틴어에도 멋지게(?) 낙제점을 받았다. 어학 선생에게는 형편없는 낙오자로 찍혀 눈 밖에 나고 말았다.

또한 유대인을 바라보는 주위의 시선도 결코 따뜻하지 않았다. 이 무렵부터 약 30여 년이 지난 뒤, 뮌헨을 출발점으로 반(反)유대주의 연설이 독일 전역으로 퍼져 나간 사실을 떠올려 본다면, 당시 유대인이 처한 상황이 얼마나 불안했을지 짐작할 수 있다. 이러한 사회적 분위기는 아인슈타인의 성격을 점점 폐쇄적인 성향으로 바꿔 놓았고, 결국에는 등교를 거부하는 상황에까지 이르게 했다.

마침내 퇴학

아인슈타인은 "생도의 자유로운 감정이나 학습 태도를 억누르고, 독일제국의 권력 아래로 획일적인 제도와 방침을 강요하는 현재의 교육에서는 오로지 권력에 맹종하는 비굴한 인간을 만들 뿐이다"라고 생각했다. 결국 그는 이러한 교육 체제에 반발하며 뮌헨의 김나지움에서 퇴학당했다. 이보다 앞서 아인슈타인 가족은 이미 이탈리아의 밀라노로 이주해 있었고, 퇴학을 당한 알베르트는 부모가 있는 곳으로 향했다. 그리고 이때 그는 독일 시민권마저도 포기해 버렸다. 1894년 그의 나이 15세 때의 일이었다.

　국적을 포기하거나 변경하는 일은 우리에게는 다소 상식 밖의 일처럼 느껴질 수 있지만, 유럽 사람들에게는 그리 부자연스러운 일이 아니다. 아인슈타인은 그 후 1901년에 스위스의 시민권을 취득했고, 그동안인 1894년부터 1901년까지는 무국적자로 지냈다. 만년에는(1940년) 미국 시민권을 얻었다.

직업과에 만족

　김나지움을 중도에 퇴학한 아인슈타인에게는 대학 입학 시험을 치를 자격이 없었다. 그러나 스위스 취리히에 있는 연방 공과대학만은 특별했다. 이곳은 졸업한 학교에 상관없이 입학시험에만 합격하면 누구든지 입학할 수 있었다. 더욱이 연방 공과대학은 유럽에서도 손꼽히는 명문 대학이었다.

　아인슈타인은 이 대학의 입학시험에 도전했지만, 한 차례 낙방하고 만다. 어쩔 수 없이 그는 스위스 북부의 아라우(Aarau)에 있는 주립학교로 진학하여, 직업과(職業科)의 3, 4학년 과정을 이수하기로 했다. 이곳은 대학이 아닌 중등교육기관이었지만, 독일의 군국주의(軍國主義)적 교육과 달리 스위스의 자유주의적 분위기는 아인슈타인에게 충분히 만족스러웠다.

그동안 그는 많은 물리학 해설서를 읽고, 미적분을 배우며 또 임마누엘 칸트(Immanuel Kant, 1724~1804년)의 『순수이성비판』 등을 읽었다. 또 음악을 좋아해 틈만 나면 늘 바이올린을 켰으며, 「G선상의 아리아」는 그가 좋아한 음악 중 하나였다.

주립학교를 졸업한 뒤, 아인슈타인은 두 번째 도전 끝에 취리히 연방 공과대학의 수학과 물리학의 교원 양성 과정에 입학하게 되었다. 이후 1900년에 이 과정을 졸업했다.

당시 물리학이라고 하면, 뉴턴 역학은 이미 완성된 것으로 보고 있었다. 그리고 마이클 패러데이(Michael Faraday, 1791~1867년)에 의해 실증되고 맥스웰(James Clerk Maxwell, 1831~1879년)에 의해 정교한 수학적 식으로 다듬어진 전자기 이론에 관한 연구가 가장 활발했다.

전계(電界)나 자계(磁界)란 어떤 것인가, 전자기파의 빛은 이것들과 어떤 관계가 있는가, 이를테면 광원(光源)을 자계 내에 두면 스펙트럼이 분열되는 현상을 볼 수 있는데, 이를 '제이만 효과'라 하며 네덜란드의 물리학자 피터르 제이만(Pieter Zeeman, 1865~1943년)이 1896년에 발견한 것이다.

한편 전류의 운반자로서의 전자(電子)가 제창되었고[1891년 스토니(George Johnstone Stoney, 1826~1911년)], 네덜란드의 물리학자 헨드릭 안톤 로런츠(Hendrik Antoon Lorentz, 1853~1928년)는 전자가 음전기를 갖는 가장 작은 입자라고 주장하고 이것으로 전류와 그 밖의 현상을 설명하려

했다. 또한 분자와 원자의 개념도 거의 확립되어 있었으며, 이처럼 막대한 수의 입자들이 만들어 내는 통계적인 평균값을 물리현상으로 관측할 수 있다는 입장에서, 볼츠만(Ludwig Eduard Boltzmann, 1844~1906년) 등을 중심으로 통계역학(統計力學)이 발전하기 시작했다.

밀레바와의 만남

공과대학 학생 시절의 아인슈타인은, 상의 중 또는 중의 상 정도의 성적이었던 것 같다. 가장 장기는 수학이었으나 그것도 자신이 흥미 있는 건 끝까지 파고들었으나 그렇지 않은 건 돌아다보지도 않았다. 다른 학과에서도 그런 태도는 마찬가지였다.

학교에서 강요되는 획일적인 수업에는 무의식적으로 거부반응을 보였다. 그는 좋아하는 전자기학이나 기하학의 노트를 펼쳐두고 이해될 때까지 공부하다가 지치면 친구들과 취리히 호숫가에 나가 요트를 띄우며 놀았다. 바람이 잔잔해 요트가 움직이지 않게 되면 노트에다 다시 계산을 시작하곤 했다.

고독벽이 강했던 아인슈타인도 아라우와 취리히의 자유로운 생활 속에서 좋은 친구를 만날 수가 있었다. 이 무렵에 학우와 취직이나 그 밖에 신세를 진 선배들을 만났으며, 대학에서 한 급 아래인 밀레바(Mileva Marić)를 만나기도 했다. 1875년 헝가리에서 태어난 그녀는 아인슈타인보다는 네 살 위였다. 그는 수학과 물리학을 돌봐 주었고 그녀의 졸업과 동시에(1901년) 두 사람은 결혼했다. 신혼 첫날 밤 어쩌다가 아파트의 열쇠를 잃어버린 그들은 집 밖에서 하룻밤을 지새우며 기묘한 생활에서 시작했다. 아인슈타인이 말수가 적고 내향적 성격이었기 때문에 그의 부모는 이 결혼을 그다지 달갑게 생각하지 않았던 듯하다.

진공이 힘을 전달한다?

취리히 공과대학생 시절부터 졸업 후에 걸쳐 아인슈타인의 흥미를 끈 것은 전자기력의 근접작용(近接作用)과 마하(E. Mach, 1838~1916년)의 사상이었다.

이를테면 여기에 양전기를 띤 구(球)가 있다고 하고, 조금 떨어진 곳에 음전기를 가진 구가 있다고 한다. 양자 사이에 인력(引力)이 작용하는 것은 부정할 수 없는 실험 사실이다. 자연과학은 사실을 사실로서 순순히 (더욱이 양적으로 정확하게) 인정하고 그것을 모순 없이 말쑥한 법칙으로 정리하는 것을 사명으로 삼고 있다. 두 개의 구 사이의 힘은 인정하지만 그 힘은 과연 어떤 상태로 전달되고 있을까?

중간에 공기가 있건, 그것이 진공이건 힘은 작용한다. 그렇다면 중간에 아무것이 없더라도 먼 곳에 힘이 미치는 것이라고 생각하는 것이 원격작용(遠隔作用)이다. 전기력뿐만 아니라 태양과 지구, 또는 지구와 달도 일정한 공간을 사이에 두고 만유인력(萬有引力)이 작용하고 있다. 그 중간의 우주 공간에는 아무것도 없으므로 얼핏 봐서는 이것도 원격작용같이 생각된다.

그러나 과연 힘이 "아무것도 없는" 공간을 통해 전달될 수 있을까? 아무것도 없으면 힘이 전달될 방법도 없을 거라는 사고방식, 즉 원격작용을 부정하고 그 중간에(액체라든가 기체라든가 하는 물체가 아니더라도) 무엇인가가 있어서, 그 매개체를 통해 힘이 전달된다고 해석하는 것이 근접작용이다.

전자기학에서 이것에 명확한 해석을 부여한 인물이(그러나 아마추어에게는 좀 이해하기 어려운 사고방식이지만) 패러데이였다. 그는 전기가 있는 곳에는 반드시 전기력선(電氣力線)이, 자석 주위에는 자기력선(磁氣力線, 또는 磁束密度)이 존재한다고 주장했다. 즉, 자계의 존재를 제창한 것이다.

전계나 자계가 힘을 전달한다. 더 엄밀하게 말하면 전기력이나 자기력 힘의 근원은 전기력선이나 자기력선이라고 말한다. 확실히 전기력선이나 자기력선은 눈에 보이질 않는다.

그러나 거기에 전기나 자기를 가져오면 힘이 작용한다고 하는 특수한 공간으로 이루어져 있다. 아무것도 존재하지 않는 공간은 이와는 전혀 이질적인 것이라고 생각한다. 그러므로 그 특수한 공간이야말로 물리학의 관심거리이며, 그 공간에 관한 연구를 많이 해야 한다는 것이 근접설(近接說)을 주장하는 사람의 사고방식이다.

이와 같은 특수 공간을 가리켜 일반적으로 "장(場)"이라고 부르는데,

현대물리학은 근접설에 따라 특수 공간을 대상으로 하여 장의 연구가 이루어지고 있다.

존재는 하지만 거울에는 비치지 않는다?

전자기파(電磁氣波)는 전계나 자계의 진동이 발진체(發振體)로부터 신속하게 전달되어 가는 현상을 말한다. 그 속도는 $c=3×10^{10}$cm/s, 즉 초속 30만km로 바로 빛의 속도와 같다. 이것은 곧 빛도 전자기파와 같은 성질이며, 다만 보통의 전파(電波) 등에 비교해 진동의 파장이 극단으로 짧다는 것일 뿐이다.

전파나 빛의 속도는 유한하지만 지극히 빠르므로 지구 위의 한 점에서 빛을 발사해 다른 점에서 빛을 받는 경우, 그 소요 시간 따위는 마음에 둘 필요가 없다. 아인슈타인 이전의 물리학에서는 "물체는 존재하는 즉시 보인다"고 생각해 아무 지장도 없었다.

그러나 아인슈타인은 "내가 만약 빛과 같은 속도로 달려간다면"이라는 엉뚱한 공상을 한 것이다. 그렇게 되면 내 얼굴에서 나가는 빛은 나와 함께 달려가는 것이 되고 나보다 앞서갈 수는 없다. 공중을 달려가는 빛 자체는 직접으로 볼 수가 없으나 내 앞에 거울을 두면 (빛은 거울에 도달할 수 없으므로) 거울에는 내 얼굴이 비치지 않을 것이 아닐까 하고 생각했다.

자기가 만약 빛과 같은 속도로 달려간다면
거울엔 자기 얼굴이 비치지 않는 걸까?

그러나 그는 "그런 뚱딴지 같은 일이 과연 있을 수 있을까" 생각했다. 빨리 달려가건 느리게 달려가건 자기 얼굴이 비치지 않는 일이 있을 수 있는가 하는 게 의문의 첫걸음이며, 이것이 특수상대성이론으로 (즉, 어떤 관측 방법을 취하건 간에 광속도는 늘 일정하지 않으면 안 된다는 사실로) 이어지게 된다.

마하의 영향

이와 같은 의문을 품으면서 그는 다시 질량 주위에 중력장(重力場)이 생긴다고 생각해, 중력장의 값을 계산하는 식을 만들어 나갔다. 그리고 '빛이 중력장으로 들어가면 어떻게 되는가'라는 문제를 그 밑바닥에서 포착해 이는 훗날 일반상대성이론으로 발전하게 된다.

마하는 오스트리아의 물리학자이자 철학자였다. 빈에서 공부하고 프라하대학교와 빈대학교에서 학생들을 가르쳤다. 20세기 초에 이론적으로나마 초음속(超音速) 및 제트기를 연구하고 있다. 음속과 같은 속도를 마하라고 부르는 것은 그의 연구에서 유래한다. 특히 1883년에 쓴 "역학과 그 발전" 속에서 뉴턴 역학의 기초적 여러 개념, 특히 시간, 공간에 대해 비판적으로 검토하고 있다. 요컨대 마하는 "자연과학에서는 경험적으로 실증 불가능한 문제를 다루어서는 안 된다"라고 주장한다. 관측이 가능한 것만을 모아서 그것만을 재료로 해 자연과학이 만들어져야 한다고 생각한다. 공간이나 시간을 일반적으로는 절대적인 것으로서 처음부터 받아들이고 있으나, 이것조차도 비판의 대상으로 삼아야 한다는 것이 마하의 사상이다.

이와 같이 아인슈타인은

① 마하의 사상(실증된 것에만 가치가 있다는 것)

② 광속도가 유한하다는 것

③ "장"이라는 사고방식을 받아들이는 일과 그 취급을 바탕으로 하여 상대성이론으로 나아가게 된다.

3
공무원으로서의 알베르트

대학은 나왔으나

유럽이건, 미국이건, 어디건 자기가 좋아하는 연구를 계속 전념해 나가려면 대학에 소속되어 있는 것이 가장 바람직하다는 것은 공통된 현실이다. 특히 독일과 같은 국가의 대학은 학자가 자기 전문 분야를 누구의 간섭도 받지 않고 자유롭게 연구할 수 있는 이상적인 환경을 제공한다. 스승의 연구 방법이나 결과를 가까이에서 지켜보며, 이를 자신만의 방식으로 소화하고 습득해 때로는 스승을 넘어서는 업적을 이루는 이들도 나타난다.

독일의 전통적인 도제제도(徒弟制度)가 학문에서도 이어지고 있는 좋은 예다. 이는 스승이 제자의 손발을 하나하나 잡아가며 가르치는 방식이 아니라, 오히려 극단적으로 표현하자면 제자가 스승으로부터 기술을 훔쳐낸다고 할 수 있을지도 모른다. 물론 대학 외에도 카이저 빌헬름(Kaiser Wilhelm) 연구소 등 순수한 연구기관이 있었지만, 이들 역시 대부분 대학교수가 겸임하거나 연구 출장의 형식으로 운영되고 있었다.

아인슈타인은 1900년에 취리히 공과대학을 졸업했다. 그러나 중의 상이라는 성적을 받은 그에게, 대학에 그대로 남아서 연구에 종사할 수 있는 자리가 주어질 리는 없었다. 사교성이 부족했고, 바이올린이나 수학처럼 자신이 좋아하는 일 외에는 전혀 관심을 보이지 않던 유대인 청년은, 졸업증서를 손에 쥐고도 냉혹한 사회로 곧장 내몰리고 말았다.

하기야 "냉혹한 사회"라고는 하지만, 유럽이나 미국에서는 오히려 이런 일이 흔한 편이다. 아무리 전통 있는 대학을 나왔다 해도 형식적인 졸업증서는 거의 아무 쓸모가 없다. 그래서 졸업생들은, 아니 졸업생들뿐만 아니라 이미 직장을 가진 사람이라도 자기가 얼마나 뛰어난 능력을 갖췄으며 또 자기 업적이 얼마나 훌륭한지를 100퍼센트는 물론, 경우에 따라서는 150퍼센트, 200퍼센트까지 과장해서 어필하게 되는 것이다.

우리에게는 흔히 "겸양(謙讓)의 미덕(美德)"이라는 말이 있으나, 그런 태도로는 평생 자신을 드러낼 기회조차 얻기 어렵다. 천재적인 자질을 갖추고 있으면서도 아직 능력을 발휘할 수 없었던 무국적자 아인슈타인(그가 스위스의 국적을 얻은 것은 졸업한 이듬해)은 연구는커녕, 졸업과 동시에 우선 생활비를 얻는 길을 생각하지 않으면 안 되었다. 그는 간신히 가정교사 따위로 굶주림을 이겨냈다.

"광속도 일정"이라는 실험 사실을 바탕으로, 아인슈타인은 시간과 공간의 기본적 성질을 궁리하기 시작했다. 그 이외에도 그는 기체분자 사이에 작용하는 힘이나, 액체의 점성(占星)을 분자의 입장에서 설명하려는 연구에 착수하고 있었다. 그러나 이들 연구는 아직 학회의 인정을 받을 만큼 성숙한 단계는 아니었고, 아인슈타인 자신도 이를 발표할 만큼 의미 있는 업적이라고는 여기지 않았다.

첫 논문은 모세관 현상

1902년, 아버지가 밀라노에서 세상을 떠났고, 갓 결혼한 아내를 부양해야 했던 그의 생활은 말로 표현할 수 없을 만큼 곤란했다. 아무리 물욕이 적은 아인슈타인이라고는 하나 직업이 없이는 제대로 생활할 수 없었다. 처음에는 취리히 공과대학의 함수론(函數論) 교수였던 아돌프 후르비츠(Adolf Hurwitez, 1859~1919년)의 조수가 되기 위해 노력했으나 그 시도는 실패로 끝나고 말았다.

하는 수 없이 그는 취리히에서 북동쪽으로 몇 킬로미터 떨어진 빈터투어(Winterthur)라는 소도시에 있는 공업학교에서 수학을 가르치게 되었다. 때마침 전임 교사가 군 복무 중이었고, 그는 그 공백 기간을 메우기 위해 임시 채용된 것이었다. 몇 달 뒤에는 취리히 북쪽 30km 거리에 있는 샤프하우젠(sharffhausen)이라는 소도시의 기숙학교에서 보조 교사로 일하게 되었다.

정식 교원이 아니었기에 수입은 매우 적었다. 아인슈타인과 젊은 아내는 밤마다 빵 한 조각과 소시지로 끼니를 때우며 생활을 이어갔다고 한다. 바쁜 수업 일정이 계속되었지만, 바로 이 시기에 그는 처음으로 논문을 발표했다. 독일의 물리학 전문 학술지『Annalen der Physik』에 실린「모세관현상으로부터의 두세 가지 귀결」이라는 제목의 논문이었다.

그로부터 4년 뒤 물리법칙을 뿌리부터 바꿔놓을 만한 상대성이론을 발표하게 된다. 상대성이론과 모세관 현상(가느다란 관 속에서 액체가 올라가고 또 내려가는 현상)이란 참으로 묘한 대조이지만, 이 천재 물리학자는 크게는 우주의 시간·공간을 궁리하면서도 신변의 현상을 분자라든가 광자(빛을 입자라고 생각한 것)라든가 하는 입장에서 차분히 조사해 나갔던 것이다. 아인슈타인은 오늘날로 말하면 물성론(物性論, 갖가지 물리현상을 작은 입자의 집합으로서 설명해 나가는 학문)의 선구자의 한 사람인 것이다.

가까스로 특허국에 취직!

아인슈타인은 공과대학 시절, 친구 소개로 베른(Berne)에 있는 연방 특허군의 직원 채용시험에 응시하기로 결심했다. 이곳은 정해진 시기에 정기적으로 채용을 하는 방식이 아니라 결원이 생길 때마다 차례로 보충해 가는 것이 일반적인 관례였다. 이때 큰 역할을 하는 것이 추천장이다.

믿을 만한 추천인의 추천장은 곧 강력한 신뢰의 증거가 되었다. 그러나 추천을 받은 사람이 추천장의 내용과 다를 때에는 추천인은 자신의 사회적 신용을 잃을 위험까지 감수해야 했다. 그 때문에 추천장은 결코 형식적이거나 요식적인 절차로 끝나는 문서가 아니었다. 오히려 실제 능력 이상으로 엄격한 평가가 따를 수 있다고 생각해야 했다. 뒤집어 말하면 학생이 대학교수로부터 추천장을 받는다는 것은 그의 우수성이나 비범한 능력을 인정받았다는 의미이기도 했다.

친구의 아버지로부터 추천장을 받아 특허국에 지원한 아인슈타인은 이곳에서 엄격한 면접시험을 치렀다. 면접관이었던 기계 기술자는 발명과 발견에 관한 일들이나 갖가지 물리법칙과 그 원리에 대해 질문했다. 아인슈타인은 모르는 질문에 대해서는 모른다고 정직하게 대답했는데, 그 정직한 태도가 오히려 면접관에게 깊은 호감을 주었다. 그 결과 그는 1902년 6월 24일부터 스위스 연방의 공무원으로서 정식으로 일하게 되었다.

특허청에서의 주요 업무는 신청된 특허의 내용을 검토하고 전혀 의미 없는 것들(이를테면 영구기관과 같은)은 각하하고, 이미 신청된 것들과의 사이에 중복되는 사항이 있는지 없는지를 체크하고 서류의 미비한 점을 지적하는 것이었다. 이러한 업무는 아인슈타인에게 결코 힘든 일이 아니었다. 어떤 주장에 따르면 그는 하루의 일을 오전 중에 끝마치고 오후에는 몰래 물리학과 수학책을 읽고 있었다고 한다.

아인슈타인에게 이러한 사무 처리에 특별한 재능이 있었던 것인지, 아니면 당시 스위스 공무원 업무 자체가 여유로웠던 것인지는 분명하지 않다. 하지만 만약 특허국의 업무가 매우 분주해서, 그가 밤낮없이 일에 시달리고 있었다면, 과연 이른 시기(1905년)에 광양자론(光量子論)이나 특수상대성이론이 태어날 수 있었을지는 매우 의심스럽다.

관청의 업무를 마친 뒤, 그는 물리학과 수학의 개인 교습을 하며 생활을 이어갔다. 후배와 함께 마하의 책이나 쥘 앙리 푸앵카레(Jules Henri Poincaré, 1854~1912년)의 『과학과 가설』 등을 읽으며, 물리와 수학뿐만 아니라 철학 세계에도 깊이 들어가 있었다. 시간과 공간의 절대성을 부정한 상대성이론은 어떤 의미에서는 하나의 철학이며 춘추(春秋)의 필법(筆法)을 빌면 베른 특허국의 관대한 분위기가 상대성이론의 탄생을 촉진한 셈이라고도 할 수 있을 것이다.

빛은 입자들이다

아인슈타인이라고 하면 곧 상대성이론을 연상하는데, 그가 제창한 광양자설(光量子說)도 물리학사에서는 결코 간과할 수 없는 중요한 이론이다.

19세기까지의 물리학에서는 빛을 파동이라고 보는 관점이 일반적이었다. 예를 들어 회절격자(回折格子)를 통과한 빛은 그 뒤쪽의 스크린에 깨끗한 줄무늬를 만들어 낸다. 이는 빛의 정현(sine 또는 여현=cosine)적인 파동이라는 증거로 해석된다. 빛의 파장이 다르면 인간의 눈은 그 빛의 파장이 짧은 영역에서는 레일리의 식이 실험 결과와 맞지 않으며, 파장이 긴 영역에서는 빈의 식이 들어맞지 않는다 (가로축은 빛의 파장, 세로축은 빛의 강도). 이 점에서 플랑크의 식은 전체 파장 범위에 걸쳐 실험 결과와 정확히 일치했다.

것을 색깔 차이로 인식하게 된다. 그 빛은 어디서 나오는 걸까?

물질이 기체 상태에서 산소와 화합할 때 발생하는 빛, 즉 이른바 불꽃을 관찰하는 것도 한 방법이지만, 온도에 따라 어떤 색깔의 빛이 나오는지를 조사하려는 고체 자체를 가열하는 것이 좋다. 예를 들어 숯 온도가 1,000℃, 1,500℃, 2,000℃로 올라가면 어떤 파장의 빛이 많이 방출되는지가 실험적으로 자세히 조사되어 있다. 문제는 이 실험 결과를 어떻게 이론적으로 설명할 수 있느냐에 있었다. 19세기 말 물리학자는 이 현상에 의미를 부여하고자 깊이 고심하고 있었다.

영국의 물리학자 레일리(L. Rayleigh, 1842~1919년)는 고전이론에 충실한 식을 만들었고, 같은 영국의 진즈(J. Jeanse, 1877~1946년)는 착실하게 다룬다면 레일리의 식 이외는 있을 수 없다고 보증했다. 그러나 그 공식은 (특히 짧은 파장 근처에서) 실험 결과와 전혀 일치하지 않았다.

한편 독일의 물리학자 빈(W. Wien, 1864~1928년)은 실험 결과에 잘 들어맞는 식을 완성했다. 빈의 식은 실험 결과와 매우 일치했으나 파장이 긴 부분에서는 착오가 일어나고 있었다. 또 이론적인 근거가 없었다. 이처럼 빛의 복사 문제는 미해결인 채로 19세기도 끝나려 하고 있었다.

독일의 저명한 물리학자 막스 플랑크(Max Plank, 1858~1947년)는 1900년 여름에 가만히 빈의 식을 응시하고 있었다. 그때 그는 식의 분모에 -1을 붙이면 실험값과 딱 들어맞는 식이 된다는 것을 발견했다(일설에 따르면 그의 조수가 이 -1을 착안했다고 한다). 그해 10월 19일, 당시 42세였던 베를린대학교 교수 플랑크는 이 식을 물리학회에서 발표했다.

플랑크의 식은 놀라울 만큼 실험값과 일치해 있었다.

그렇다면 왜 마이너스 1이 필요한가? 수정된 빈의 식은 어떻게 이론적으로 설명할 수 있는가? 두 달쯤 궁리에 궁리를 거듭한 플랑크는 이 수식을 도출하기 위해서는 빛의 에너지가 띄엄띄엄이어야 한다, 연속적이면 레일리-진즈의 식으로 되돌아가 버리고 만다는 결론에 도달했다. 그리하여 같은 해 12월 14일에 다시 물리학회에서 공식적으로 발표했다.

에너지가 띄엄띄엄 존재한다는 발상은 당시로서는 정말로 기묘한 생각이었다. 그러나 바로 이 기묘한 사상이 새로운 물리학의 출발점이 되었고, 이날은 훗날 양자론(量子論)이 탄생한 날로 불리게 되었다. 그리하여 플랑크보다 21세나 젊은 아인슈타인은 이 참신한 사상에 큰 관심을 가지게 되었다. 특허국의 책상 한구석에서 또는 베른의 자그마한 방 안에서 청년 물리학자는 이 문제와 대결해 1905년에 "빛은 입자로서 성질을 가진다"는 광양자설을 제창하게 된다.

1918년 노벨 물리학상은 플랑크에게 "양자론에 의한 물리학의 진보에 대한 공헌"으로 수여되었다. 3년 뒤인 1921년 아인슈타인은 "이론물리학의 여러 가지 연구, 특히 광전효과(光電效果)의 법칙 발견"에 대한 공로로 노벨 물리학상을 수상하게 된다.

4

플랑크와 아인슈타인

빛은 에너지의 덩어리

 19세기도 이제 막 저물어 가던 1900년 12월 14일, 플랑크가 독일 물리학회에서 발표한 에너지의 비연속(띄엄띄엄하게 되어 있는 것) 이론은 너무나 비상식적 이야기여서 애초에 주목하는 사람조차 적었다. 그해 아인슈타인은 취리히에 있는 연방 공과대학을 갓 졸업했으며, 2년 뒤 1902년에야 특허국에 취직해 비로소 생계가 안정되자 플랑크 이론에 주목하기 시작했다.

 확실히 뜨거운 고체에서 나오는 빛의 에너지를 파장별로 조사해 보면 빛의 에너지는 띄엄띄엄이 아니면 안 된다(빛의 속도로 파장을 나눈 것이 진동수라고 하며, 전파와 같은 경우는 주파수라고 한다. 따라서 진동수마다 조사해 본다고 바꿔 말할 수 있다).

 에너지가 띄엄띄엄하다는 것은 지금까지 생각해 왔던 것처럼 빛이 광원(光源)으로부터 공간 속으로 균일하게 빈틈없이 퍼져서 달려가는 것이 아니라 작지만 덩어리로서 움직인다는 것이 된다. 그리고 아무리 달려가더라도 하나의 덩어리가 갖는 에너지는 변화하지 않는다. 이런 의미에서는 빛은 입자로서의 성질을 가지는 셈이다. 광원에서 멀리 떨어지면 입자의 개수가 줄어들지만(사방으로 입자가 흩어져 날아가기 때문에) 1개가 갖는 충돌력(에너지)은 조금도 감소하지 않는다.

빛을 입자라고 생각하는데 가장 직접적으로 증명할 수 있는 사실은 없을까?

1902년에 독일의 물리학자 필리프 레나르트(Philipp Eduard Anton Lenard, 1862~1947년)가 광전효과라는 현상을 발견했다. 금속에 짧은 파장의 빛(즉 청색광이나 자외선)을 부딪치면 거기서 전자가 금속 바깥으로 튀어나오는 것이다. 이유는 명백하지 않으나 빛을 부딪치기만 하면

전자가 튀어나오는 것이다(그는 이 밖에도 음극선에 대한 연구로 1905년에 노벨 물리학상을 받았다).

    금속 속에는 많은 전자가 있으며, 이 전자들은 빛으로부터 에너지를 받는다. 고전물리학에 따라 계산해 보면, 전자가 빛의 흐름에서 에너지를 받아 그것을 저장한 뒤 공중으로 튀어 나가기까지 저장하는 데는 수 분에서 수십 분이 걸릴 것으로 예상된다. 그러나 실제로는 그렇지 않다. 빛을 비추면 전자는 즉시 튀어 나간다. 그것은 빛은 공간을 골고루 끊임없이 채우고 있는 흐름이 아니라 총알과 같은 것이라고 생각하지 않으면 안 된다.

빛은 파동으로서의 성질과 함께 입자로서의 특성도 지닌다. 아인슈타인은 1905년에 광양자설을 제창했다.

좀 더 흔한 예를 들어보자. 우리가 3등성이나 4등성의 항성(恒星)에다 눈을 돌렸다고 하자. 거기서부터 오는 빛의 에너지가 인간의 시신경을 구성하는 분자 하나에 일정 시간 동안 얼마나 자주 충돌하는지를 계산하는 것은 가능하다. 물체가 보인다는 것은 시신경을 구성하는 분자가 여기 상태(에너지를 얻어 활발해지는 것)로 될 필요가 있다. 그 에너지는 1전자 볼트(elecron volt, eV) 정도라고 생각되는데, 눈 속의 분자가 별로부터 그만한 분자를 얻는 데는 수십 분이 걸린다.

즉 빛을 연속적인 에너지의 흐름이라고 하면, 우리가 하늘의 한 모퉁이를 가만히 쳐다봐서 몇 분 뒤 가까스로 별이 보이기 시작한다는 것이다. 그러나 현실적으로는 그런 일이 없다. 하늘을 쳐다보면 금방 별이 보인다.

이런 의미에서도 빛은 고전물리학처럼 연속성인 것이 아니라 에너지의 덩어리라고 생각하지 않으면 안 된다. 아인슈타인의 광양자설을 입증하는 가장 흔한 예 중의 하나이다.

빛을 회절격자에 충돌시켰을 때는 확실히 파동으로서의 성질을 가리킨다. 광전효과나 별을 보는 경우처럼 한쪽에서는 입자로서의 성격도 아울러 지니고 있다. 한 개의 알갱이인 에너지 E는 파동으로 간주했을 때의 진동수(주파수) ν(뉴)에 비례한다는 것이 확인되었다. 이때의 비례상수를 h로 적으면,

$$E = h\nu$$

이며 $h=6.62\times 10^{-27}$ erg·sec을 플랑크상수라고 부른다. h는 극미한 세계의 갖가지 물리량(物理量)을 기술하는 보편적인 상수이다.

$h\nu$의 에너지를 갖는 입자는 광양자(light quantum)라 불렸으나 나중에는 광자(光子, photon)라 불리게 되었다.

플랑크의 말년

광양자설이 제창된 1905년은 아인슈타인의 가장 활발한 활동기였다. 같은 해에 발표된 특수상대성이론을 포함해 한 공무원이 이만한 큰 업적을 올린 것은 과학사상(科學史上)으로도 드물 것이다.

한편 양자론을 낳은 어머니라고 할 수 있는 플랑크의 만년은 결코 행복하지 않았다. 제1차 세계대전에서 아들이 전사하고 같은 시기에 두 딸을 잃었다. 게다가 또 다른 아들인 에르빈(Erwin)은 제2차 세계대전 중인 1944년 7월 20일의 히틀러의 암살 미수사건과 관련한 죄목으로 나치스에 잡혔다. 플랑크는 아들의 목숨을 구해달라고 탄원했으나 나치스는 이를 거부했다. 또 베를린의 그의 집은 1944년의 폭격으로 파괴되었고 아내와 함께 연합군의 공격 속을 허둥지둥 피해 다녔다. 세계대전의 마지막 무렵에는 카셀(Kassel, 독일)의 창고 지하실에 숨어 있었다고 한다.

전쟁이 끝나 연합군이 독일에 진주했을 때, 미·영 측에서는 당시 87

세였던 플랑크에게는 관심이 없는 듯했다. 오히려 젊은 물리학자인 하이젠베르크(Werner Karl Heisenberg, 1901~1976년)와 원자핵 분열로 유명한 오토 한(Otto Hahn, 1879~1968년)이 연합군 측에 연행되었다.

1945년 말, 영국에 유폐 중이던 오토 한에게 1944년도 노벨 화학상 수상 소식이 전달된 것도 아이러니한 이야기다. 노벨상 위원회는 1년 이상을 거슬러 올라가 오토 한의 원자핵 분열에 관한 발견의 공적을 찬양했던 것이다.

더욱이 오토 한의 발견이 결과적으로는 미국의 원자폭탄 제조를 촉진시킨 것이 된다. 독일의 오토 한에게 뒤질 수 없다고 판단해, 원자폭탄의 제조를 미국 대통령에게 건의한 건 아인슈타인이었다(그 무렵 아인슈타인은 이미 미국 국적을 얻고 있었다). 한편 세계대전 후의 플랑크는 실의에 빠져 괴팅겐(Göttingen)으로 이주하여 1947년 10월 3일에 싸구려 아파트의 한 방에서 아무도 돌보는 사람 없이 고요히 숨을 거두었다. 위대한 물리학자로서는 너무나 쓸쓸한 죽음이었다.

그러나 양자론을 배우는 사람에게는 그의 이름을 모르는 사람이 없고 플랑크상수는 너무도 유명하다. 카이저 빌헬름 협회는 제2차 세계대전 후 막스 플랑크 협회(Gesellshaft)로 개칭되어 오늘날에는 물리학, 화학, 생물학, 의학, 공학, 심리학, 경제학, 법률학, 미래학(未來學) 등 광범한 분야에 걸쳐 50개 남짓한 연구소를 가지기에 이르렀다. 죽은 후 명성과 살아 있는 동안의 행복이 결코 일치하지 않는 예라고 할 수 있다.

특허국 시절의 알베르트

특허국 시절의 알베르트로 다시 이야기를 되돌려 보자. 그는 두 아들을 낳았는데, 한 아들은 후에 아버지를 쫓아 미국으로 건너가 유체역학(流體力學)의 교수로서 캘리포니아의 대학 도시 버클리(Berkeley)에 살고 있었다.

아인슈타인 자신은 여전히 작업 중에도 틈틈이 책을 탐독하면서 가정에서는 착한 남편, 좋은 아버지로서의 평온한 나날을 보내고 있었다. 때론 기분 전환을 위해 산책하거나 퍼즐 따위를 풀곤 했다. 이 같은 일상생활을 보는 한 그는 평범한 하나의 시민이며 엘리트라기보다는 아주 평범한 사람에 지나지 않았다.

어릴 때부터 공부하라는 강요를 받지 않았고 늘 교실 한구석에 외따로 앉아, 좋아하는 학과밖에는 흥미를 보이지 않았던 아인슈타인, 더욱이 인종적인 편견에 시달리면서 가까스로 공무원 자리를 얻은 그에게 저 빛나는 전도가 있으리라고는 아무도 예상하지 못했다.

그를 가르쳤던 대부분의 교사도 학교의 규칙을 순종하지 않는(때로는 방황하듯 하는) 다루기 힘든 이 유대인의 장래를 예측한 사람은 아무도 없었다. 수험공부라든가 일류교라든가 하는 것이 이 같은 역사적 위업과는 관계가 없음을 그는 몸소 보여줬다고나 할까.

'브라운운동' 연구의 참된 목표

1905년의 연구로는 "특수상대성이론"과 "광양자설" 이외에 또 하나의 "브라운운동의 연구"도 잊어서는 안 된다. 그의 생애에 걸친 연구 주제는, 시간과 공간 자체를 근본적으로 고쳐 생각하는 데에 있었다. 또 한편에서는 '물질을 구성하고 있는 분자란 어떤 것이며 그 크기는 얼마만 한가'라는 것에 큰 관심을 가졌다.

오늘날에는 비교적 큰 분자는 전자현미경으로 찍어낼 수 있게 되었고 또 결정(원자가 정연하게 배치된 교체)에 X선을 쬐어 얻어지는 간섭 줄무늬로부터 원자 1개의 크기를 측정할 수 있으나, 20세기 초에는 가장 원시적인 방법으로 분자의 크기를 조사했다.

분자는 직접으로 볼 수가 없다. 그런데 수면에 작은 꽃가루 조각을 띄웠다고 하자. 주위의 물 분자가 이 꽃가루에 충돌하는데, 꽃가루 조각이 너무 작아 충돌하는 물의 분자가 늘 "평균화"해 있다고는 할 수 없다. 이따금 세찬 분자가 충돌하고 이 때문에 꽃가루 조각이 지그재그로 운동을 하게 된다. 이 현상은 오래전 1827년에 식물학자 브라운(R. Brown, 1773~1858년)이 발견했으나, 이것을 "분자"의 입장에서 설명한 것은 아인슈타인, 오스트리아의 스몰루코프스키(M. Smoluchwski, 1872~1917년), 프랑스의 폴 랑주뱅(Paul Langevin, 1872~1946년), 같은 프랑스의 장 바티스트 페랭(Jean Baptiste Perrin, 1870~1942년)이었다.

분자의 실체를 찾는 실마리로서는 아인슈타인이 누구보다도 먼저 꽃가루 조각에 물 분자가 충돌해 지그재그 운동을 한다.
아인슈타인은 이 브라운운동을 이론적으로 연구했다.

브라운 온도에 관한 연구를 정리해 「분자 크기의 새로운 결정」이라는 제목으로 취리히대학교에 제출했다. 이 논문으로 아인슈타인은 박사학위를 받았다.

왜 '상대성이론'은 노벨상을 받지 못했을까

이들 연구와 동시에 1905년에는 상대성이론이 발표되었다. 하지만 노벨상이 주어진 것은 상대성이론이 아니라 "광양자설"과 학위논문 주제였던 "브라운운동"에 대한 연구였다. 이는 상대성이론 자체가 상식을 깨뜨리는 파격적인 이론이었고, 많은 이들이 쉽게 받아들이기 어려웠다는 사실을 보여준다. 이후 상대성이론이 물리학자들 사이에서 널리 인정받고, 다시 일반 대중에게까지 알려지기까지는 이때로부터 10년에서 20년이라는 시간이 더 걸렸다.

5

상대성이론을 더 자세히 살펴보자

아주 알기 쉬운(?) 이론

 아인슈타인이라고 하면 곧 상대성이론이 떠오르고, 반대로 상대성이론의 제창자는 아인슈타인이라는 사실도 이미 널리 알려져 있다.
 하지만 누군가 "상대성이론이란 어떤 걸까요?" 하고 묻는다면, 많은 사람들은 "음……" 하고 말문이 막힐 것이다. 어떤 이는 고개를 갸우뚱거리며 이렇게 말할지도 모른다. "그건 평범한 사람은 절대 이해할 수 없는 무척 어려운 우주의 대법칙이지." 또는 "전 세계에서 그걸 정말로 아는 사람은 몇 안 돼. 오히려 안다고 하는 사람 쪽이 두뇌 구조가 좀 남다른 거야."
 과연 상대성이론은 정말 그렇게 난해한 걸까? 이제 조금 차분히 생각해 보기로 하자.
 우선 마음에 걸리는 단어는 바로 "상대"다. 상대란 앞에서 말했듯이 절대의 반대말이다. "무엇무엇을 비교하는 위에서는"이라든가 "비교해 봐서……"라는 의미다. 쉽게 말해보자. 누군가 "사과는 큰 과일인가요?" 하고 물었을 때, 우리는 상대적인 감각으로밖에는 대답할 수 없다. 보통의 밀감이나 앵두, 포도알과 비교하면 클 것이고, 수박과 비교하면 작다. 즉 사과가 크냐 작냐는 것은 결국 비교 대상에 따라 달라지는, 상대적인 개념인 것이다.

그렇게 생각하다 보면, "세상 만물은 모두 상대적인 것이 아닌가?" 하고 혼란스러워질지도 모른다. 하지만 실제로는 그렇지 않다. 예를 들어 키가 180cm의 한국 사람이 있다면 우리는 "그 사람은 키가 크다"라고 단정적으로 말할 수 있다. "아니 190cm인 사람과 비교한다면 그는 작다. 키가 크고 작은 것은 어디까지나 상대적인 의미밖에 없다"라고 하는 따위는 좀 지나친 억지에 가까운 주장이다.

한국 성인의 평균 신장은 대체로 160~175cm라는 기준이 있기 때문이다. 이처럼 일정한 기준을 바탕으로 생각하면 '크다' '작다' 하는 말 (어렵게 말하면 개념)은 상대가 아니라 절대가 된다. '30층의 빌딩은 높다, 서울은 대도시이다'라는 따위는 오늘날의 상식으로는 절대적인 판단이라고 해도 무리가 아니다.

우주 공간을 채우는 바닷물 이야기

그렇다면 아인슈타인이 말하는 상대란 (즉, 절대가 아니고 상대라고 언명한 연유는) 무엇일까? 상대성이론은 말 그대로 '상대성'을 바탕으로 한 이론이며, 그 대상은 바로 우주 공간이다. 이 개념을 쉽게 이해하려면,

다음과 같은 특별한 예를 생각해 봐야 한다.

우주 공간에는 우리가 사는 은하계만도 수십억 개의 별이 있는데, 예를 들어 지금 이 넓은 공간에 A와 B라는 두 개의 천체밖에 존재하지 않았다고 가정해 보자. 이때 두 천체의 위치나 속도가 절대적인 것이냐 또는 상대적인 의미밖에 갖지 않는 것이냐고 묻는 것이 상대성이론의 기본적인 사상이다.

A와 B라는 두 천체가 접근하고 있다고 하자. 인간이 A에 살고 있다고 하면 망원경이나 육안으로 A와 B의 접근을 관측할 수가 있다. 이때 B가 A에 접근하고 있는지, A쪽이 B로 향하고 있는지, 양쪽이 움직이고 있는지, 그것이 어떠한 근거로 명확히 판정할 수 있다면 우주 공간은 "절대적이다"라고 해도 된다.

이에 대해 "양자가 접근하고 있다는 사실은 확실하지만 그중 어느 쪽이 움직이고 있는지를 결정하는 것은 불가능하다. 불가능하다기보다는 전혀 무의미하다"라고 결론짓는 것이 상대적인 사상이다.

마치 선문답처럼 들릴 수도 있지만, 공간과 시간을 기초로 하는 물리학에서는 이는 큰 문제다. 단순히 사고적인 흥미가 아니라 실제로 극히 빠르게 달려가는 입자(이를테면 우주선에 의해서 만들어지는 뮤입자라든가 거대 가속장치 속 양성자의 전자 등)의 수명은, 상대설이냐 절대설이냐에 따라 달라진다. 하긴 아인슈타인이 젊었을 때는 작은 입자를 빠르게 달려가게 하는 데까지는 물리학이 진보해 있지 않았고 다른 방법으로서 판정했던 것이다.

우주의 전체 대신 넓은 바다에 떠 있는 두 척의 배 A와 B를 생각해 본다. 두 배가 접근해 올 때, 어느 한 쪽이 움직이고 있는지 또는 양쪽이 다 움직이고 있는지는 금방 알 수 있다. 바닷물에 대해서 배가 움직이고 있느냐 아니냐로써 결정되는 것이다(다만 해류나 조류는 없는 것으로 한다). 바닷물이라는 절대적인 기준이 있으므로 이 기준에 대해 달리고 있는지 정지해 있는지를 조사하면 된다.

그렇다고 하면, 우주에서의 절대냐 상대냐 하는 것은 우주 공간에 기준이 있느냐 없느냐는 문제에 귀착된다. 그렇다면 우주 공간에 바닷물과 같은 것이 있는가?

바닷물은 없으니 빛이 파동이라면 그 파동이 전달되는 매체가 반드시 있어야 한다고 여겨졌다. 이 매체는 에테르(ether)라고 불리며, 광대한 우주 공간을 가득 채우고 있는 것으로 생각되었다. 100광년, 1만 광년 앞의 별이 보이는 것으로부터 에테르는 우주의 어느 먼 곳까지도 골고루 존재해 있다고 생각하지 않으면 안 된다.

이 에테르에 대해 정지해 있는 별이야말로 가만히 정지해 있는 천체이며, 에테르에 대해 움직이고 있는 별은 "움직이고 있다"고 단언해도 된다. 그러므로 에테르만 확인될 수 있으면 두 천체가 접근할 때 어느 쪽이 움직이고 있는지를 판정할 수 있게 되고, 우주는 상대가 아니라 절대가 된다.

유감스럽게도 에테르는 바닷물처럼 직접 눈으로는 볼 수가 없다. 그러나 에테르는 빛의 매체이므로 그것을 잘 이용하여 간접적인 방법이기는 하지만 에테르의 존재를 인정할 수는 있지 않을까……하고 생각되어 왔다.

19세기 후반, 즉 아인슈타인이 본격적으로 시간·공간의 문제를 연구하기 이전부터 에테르의 존재를 확인하려는 노력이 있었다. 그리고 1887년 앨버트 에이브러햄 마이컬슨(Albert Abraham Michlson, 1852~1931년)과 에드워드 몰리(Edward W. Morley, 1838~1923년)의 실험으로 열매를 맺었다.

특히 마이컬슨은 광속도의 측정에 일생을 바친 물리학자였다. 19세기부터 20세기 초까지는 특수한 연구, 자연계 속의 단 한 가지 일만을 조사해 평생 일로 삼았던 학자가 많았다. 폴란드에서 태어난 마이컬슨은 유럽과 미국 등 여러 지역에서 공부했으며, 28세에 마이컬슨의 간섭계(interferometer)를 발명해 빛의 파장을 측정하는 데 성공했다. 몰리와의 공동 실험은 그가 34세 때 이루어졌다. 40세에는 시카고대학교 교수가 되었으며, 1907년에는 「간섭계의 고안과 그것을 이용한 분광학(分光學) 및 미터원기(prototype meter)에 관한 연구」로 노벨 물리학상을 수상했다. 1920년대 당시 미국은 공업기술 분야에서는 크게 발전했지만, 기초 과학 분야에서는 아직 유럽에 크게 뒤지고 있었다. 미국의 저명한 과학자의 대부분은 유럽의 여러 대학이나 연구소로 유학을 하고 있었다.

에테르가 발견되지 않는다!

마이컬슨-몰리의 실험은 다음과 같다. 지구는 태양 주위를 자전하면서 공전하고 있다. 다만 자전속도는 적도 부근에서조차도 초속 500m 남짓, 이것에 대해 공전속도는 30km이므로 자전 쪽은 무시해도 상관없다고 한다면 지구는 정지 에테르 속을 동서 방향으로 달려가고 있는 것이 된다. 실제의 지축은 공전 면에 대해 수직이 아니라 23도 반쯤 기울어져 있는데, 대충 동서와 남북으로 나눈다면 (상세한 값에 구애되지 않는 한) 빛의 매체는 동서 방향으로만 달려가고 있다고 생각해도 된다. 여기서 지구 위에서 동서 방향과 남북 방향으로 같은 길이의 빛의 통로를 설정해 주어서 각각에 빛을 왕복하게 하여 그 소요시간에 차이가 생기는지 어떤지를 조사해 본다.

이 이야기는 흐르고 있는 강을 배로 항해할 경우에 비유할 수 있다. 강의 흐름은 지구에 대한 에테르의 움직임이고, 달려가는 배는 빛에 해당한다. 남북으로 빛이 왕복하는 것은 배가 강을 횡단해 왕복하는 것에 해당하며, 빛의 동서로의 왕복은 배가 강폭과 같은 거리만큼을 흐름을 따라서 왕복하는 것과 같아진다. 세밀히 조사해 보면 강을 따라서 왕복하는 편이 횡단하는 것보다 근소하게나마 소요시간이 길다는 것은 마이컬슨-몰리의 실험에서 동서로 빛을 왕복하게 하는 편이 남북보다(매우 근소한 차이지만) 많은 시간을 필요하게 된다.

그러나 에테르의 속도(즉 지구의 공전속도)는 광속도의 1만분의 1밖에 같은 거리를 강의 흐름을 따라 왕복하는 경우는, 강을 가로질러 횡단하여 왕복하는 경우보다 시간이 근소하게 더 오래 걸린다. 만약 에테르의 흐름이 존재한다면, 동서 방향으로 움직이는 지구 표면에서는 빛이 동서로 왕복하는 데 남북 방향보다 시간이 더 걸릴 것이다.

안 된다. 예를 들어 에테르가 존재해 남북과 동서와의 시간차가 있더라도 그것은 빛의 한쪽 통로의 소요시간의 1억분의 1정도이다(공전속도와 광속도의 제곱 정도). 이렇게 짧은 시간은 스톱워치는 물론 아무리 정밀한 시계로도 측정할 수가 없다.

그러나 그것에는 또 방법이 있어서, 이 두 빛의 통로 속에서의 시간차는 다른 방법으로 측정할 수 있다. 한 줄기의 빛을 프리즘을 이용해서 동서 방향과 남북 방향으로 나눈다. 거울에서 반사해 온 이 두 줄기의 광선을 다시 집광하는데, 만약 시간차가 있으면 정당한 간섭줄무늬가 나타난다. 빛이 파동이기 때문에 이와 같은 좋은 방법이 가능하게 되었다.

여기서 걱정인 것은 만약 이 장치로 동서 방향과 남북 방향의 기구 길이에 조금이라도 오차가 있다면 이 실험은 전혀 무의미하게 되어 버린다. 그러나 마이컬슨과 몰리는 이것에도 좋은 방법을 생각해 냈다. 그들은 실험 장치를 고스란히 수은 웅덩이 위에 설치했다. 그렇게 최초의 실험을 한 다음 그 수은 위의 장치를 90도 회전시켜 다시 실험했다. 줄다리기나 배구경기에서 중간에 양자가 위치를 고대하는 것과 흡사하다. 즉 위치의 교환에 의해서 불공평을 해소하는 것이다.

이리하여 그들의 실험 결과, 동서 방향과 남북 방향에서 시간차는 관측되지 않았다. 빛의 매질로서 존재할 것이라 여겨졌던 에테르는 이러한 간접적 방법을 사용해서도 (이것은 믿을 수 있는 가장 정밀한 실험방법이지만) 이것을 포착할 수가 없었다.

에테르는 존재할 터이지만 실험에 따라 이것을 확인할 수는 없다는 것이 1887년 당시의 결론이었다. 어쩐지 뒷맛이 개운하지 않은 결론이지만, 이후 약 18년 동안 이와 같은 어중간한 사상이 방치된 채로 있었다.

물론 당시 여덟 살이던 아인슈타인은 그들의 발견을 알지 못했다. 훗날 한 소년이 이 실험 결과를 기초로 시간과 공간에 대한 근본적인 재검토를 시도하고, 절대성의 부정을 내세우게 되리라고는 마이컬슨도, 몰리도 예상하지 못했을 것이다.

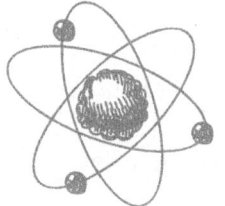

6

시간이여, 더더져라!

거울에 닿는 빛의 불가사의

소년 시절 아인슈타인이 거울을 눈앞에 들고 이렇게 상상했다는 이야기를 앞에서 소개한 바 있다. "만약 내가 빛과 같은 속도로 달린다면 내 얼굴은 거울에 비치지 않는 것이 아닐까?" 하고 말이다. 확실히 정지해 있는 에테르(빛을 전달하는 매체)가 존재한다면 얼굴에서 나간 빛과 자기 자신이 같은 속도로 움직이게 되므로, 그 빛은 영원히 거울에 도달하지 못하게 된다.

마치 마하 1의 속도로 나는 제트기 바로 앞을, 그 제트기와 같은 속도로 달리는 사람이 있다면 그 사람에게는 제트기의 소리가 들리지 않는 것과 같은 이치다. 어린 시절의 아인슈타인이 품었던 이 소박한 의문은, 돌이켜 보면 매우 본질적이고 정당한 질문이었다. 생각하면 생각할수록 기묘한 이야기이지만 이와 같은 의문을 품었던 것이 한참 만에 상대성이론이라고 하는 자연과학사상에도 드문 개혁적인 이론의 첫걸음이 되었다.

취리히 공과대학 시절, 아인슈타인은 마이컬슨-몰리의 실험을 접한

물체가 짧아진다는 것은 단지 그 물체만이
수축하는 것이 아니라 물체를 품고 있는 공간이
수축하는 것이라고 생각할 수 있다.

뒤, '광속도'가 지닌 불가사의한 성질에 대해 본격적으로 파고들기 시작했다. 마이컬슨과 몰리의 실험 결과에 따르면 발광원과 빛을 받는 쌍방이 공간 속에서 아무리 빠르게 달려가더라도 양자의 간격이 일정하다면 빛의 소요시간(광원으로부터 목표에 도달하기까지의 시간)은 언제나 같다.

즉 발광원이 아무리 빠르게 달려가더라도, 관측자가 어떤 움직임을 하더라도 관측자에게 있어서 빛의 속도는 늘 초속 30만km가 된다. 그러므로 거울을 가지고 아무리 빠르게 달려가더라도 자기 얼굴은 거울에 비치게 된다. 아인슈타인이 어린 시절부터 이상하게 생각하고 있었던 의문이 해결되었다.

그러나 반대로 새로운 문제에 직면한 것이 된다. 에테르라는 빛의 매체를 생각하는 한, 마이컬슨-몰리의 실험 결과는 나오지 않는다. 자연과학에서는 실험 결과야말로 금과옥조(金科玉條)이므로 "세상에 에테르라는 따위의 것은 없다"고 하지 않으면 안 된다. 소리의 매체로서는 공기가 있고 파장이 매체는 바닷물이다. 그런 빛에 관한 한 얼핏 보기에는 파동으로서의 성격을 지니기는 하지만(간섭작용 등이 그 좋은 보기) 다른 파동과는 근본적으로 다르다는 것을 생각하지 않으면 안 된다.

1905년에 특허국의 한구석에서 틈나는 대로 궁리에 궁리를 거듭하고 있던 아인슈타인은 빛에 대해 아주 대담한 학설을 발표했다. 종래의 사고방식에 따르면 3차원(세로, 가로, 높이의 세 방향이 존재하는 것)의 공간과 이와는 별개로 과거에서 미래로 영원히 이어지는 시간이 삼라만상(森羅萬象)을 나타내는 이 세상의 무대였다. 그러나 마이컬슨의 실험을 인정하는 한, 이러한 사고방식은 더 이상 유지될 수 없었다. 이 세상, 바꿔 말해서 우주 공간은(공간과 시간을 함께 포함하여) 언제나 "빛의 속도를 일정하게 만드는 것"으로 이해되어야 한다.

이 아인슈타인의 사상이야말로 특수상대성이론인 것이다. 이미 공간도 시간도 엄연한 존재가 아니다. 즉 그 어느 쪽도 절대적이라고는 할 수 없다. 굳이 말하자면 광속도만이 절대인 것이다. 이것을 좀 더 알기 쉽게 풀어보자.

공간이 축소되면 막대기도 축소한다

공간이 절대라든가 또는 상대(즉 절대가 아니다)라고 하더라도 처음으로 이야기를 듣는 사람에게는 도무지 무슨 말이지 이해되지 않는다. 보통의 상식인은 "공간은 어디까지나 공간이며, 우리는 그 공간 속에서 생활하고 있다. 대지 위에 무한히 확산되어 있는 것이 공간이며 거기에 집을 짓고 방을 만들거나 책상을 놓거나 또 그 위에 책이나 식기나 좋아하는 것을 가져올 수 있는 것이 공간이라는 것이다. 확실히 지진이라도 일어난다면 집이 쓰러지고 나무가 폭풍에 휘어질지 모른다. 그러나 그것은 어디까지나 거대한 힘 때문에 공간 속의 물체가 손상되는 것일 뿐 공간 자체가 어쨌다는 것은 아니다"라고 생각하고 있을 것이다.

좀 더 크게 생각하는 사람들은 "태양 주의를 행성이 돌고 있다. 거기가 공간이다. 또 은하계나 안드로메다 성운 등 수많은 성운, 성단을 품고 있는 것이 공간이다. 그 공간 속에서 별이 운행하거나 성운이 회전하거나 하는 일은 있어도 공간이 바뀌는 따위는 생각조차 할 수 없다"고 하는 것이 진심이다.

이 같은 사상이 공간절대론(空間絶對論)이다. 지극히 당연한 사상이지만 아인슈타인은 이것과는 전혀 다른 설을 주장했다. "거기"서 보았을 때와 "여기"서 관측했을 때와는 공간의 상대가 다르다는 것이다. 다르다고는 하지만 공간 속에 아무것도 없다면 다른지 같은지를 판별할 방법이 없다. 그러므로 공간 속에 이를테면 막대기와 같은 것을 두고서 생각하면 알기 쉽다. 같은 막대기이면서도 저쪽 공간의 경우와 이쪽 공간의 경우에서는 그 길이가 달라져 있다.

다만 이쪽 관측자와 저쪽 관측자가 더불어 정지해 있느냐 또는 같은 속도로(즉 같은 방향으로 같은 속도로) 달려간다면 공간의 차이는 생기지 않는다. 한쪽이 다른 쪽에 대해 굉장한 속도로 달려갔을 때 막대기 길이에 차이가 생긴다. 이쪽 관측자를 계(系) A라 부르기로 하고 저쪽 사람을 계 B라 부르기로 하자. 가령 B는 A에 대해 광속의 90퍼센트의 속도로 달려가고 있다고 한다.

물론 현실로는 현재의 고속 로켓인들 도저히 그 같은 속도로는 달려가지 못한다. 그러나 만약 그렇게 빠른 것이 있다고 한다면 어떻게 될까? 상식적으로는 비현실적인 이야기지만, 아인슈타인은 이론적으로 정확하게 예언했다. B와 더불어 움직이는 1m의 막대기가 있다고 하

자. 이것을 A가 보았을 때는(A의 입장에서 본) 44cm로 보인다. 또 만약 B가 광속의 95퍼센트라고 한다면 막대기는 31cm, 광속의 98퍼센트라고 한다면 20cm로 축소되어 버린다. 막대기가 축소한다는 것은 B라고 하는 로켓 안의 공간 자체가 축소되는 것이라고 생각하지 않으면 안 된다. 막대기를 눌렀기 때문에 그 탄력으로 축소되었다는 따위의 단순한 역학적 기구화는 근본적으로 다르다. 로켓 안의 것은 막대기이건 인간이건 나아가서는 그것들을 구성하는 작은 분자나 원자도 모두 축소되어 버린다.

빛을 연속적 에너지의 흐름이라고 한다면 우리가 하늘을 가만히 바라본 지 수십 분이 지난 후, 눈에 들어오는 에너지량이 일정 수준에 도달했을 때 비로소 별이 보이기 시작하는 것이다.

그렇다면 로켓의 안팎의 입장을 반대로 한다면 이야기는 어떻게 될까? 로켓의 속도가 광속의 90퍼센트라면 로켓 안의 사람이 손에 든 44cm의 막대기는 그것을 로켓 바깥에 두었을 때 승무원이 보면 막대기가 1m로 되는 걸까? 정지계의 A가 절대이고 이것에 대해 달려가는 것만이 속도에 따라 축소된다고 한다면 그와 같은 결과로도 될 것이다. 그런데 아인슈타인의 상대성이론은 바로 말하는 그대로 "피장파장이다"라고 하는 이론이다.

로켓 B가 북으로 달려간다고 하는 것은 어디까지나 로켓 바깥(즉 계

A)의 사람이 주장이고 로켓 안(계 B)의 사람에게서는 외부 사람이 모두 남으로 달려가고 있다는 것이 된다. "로켓 안의 사람은 특별하다"는 따위로 결정할 이유가 없다. 서로의 속도(즉 상대속도)가 광속의 90퍼센트라고 한다면 자기와 함께 있는 막대기는 길고, 그것이 상대의 계에 있으면 44퍼센트로 축소된다. 그러므로 로켓 안의 사람이 손에 든 44cm라고 인정한 것이 상대의 계에 있을 때는 19cm가 되어 버리는 것이다.

왜 시간도 단축되는가?

"서로가 상대속도에 있는 계 사이에서는 이미 길이는 일정하지 않다"고 하는 사항으로는 아직도 누구에게서나 광속도가 일정하다는 결론은 나오지 않는다. 속도는 두 점 사이의 거리와 그 소요시간으로 결정된다. 마이컬슨-몰리의 결론을 정확하게 이론적으로 입증하기 위해서는 앞에서 말한 계 A와 계 B에서는 시간의 경과도 다르다고 하지 않으면 조리가 맞지 않는다.

길이는 시각적으로 파악하기 쉬우므로 그것이 단축한다고 해도(매우 기묘한 일이기는 하지만) 그런대로 이해가 안 되는 건 아니다. 그러나 이쪽과 저쪽에서 경과하는 "시간"의 속도가 달라진다고 한다면 생각하는 사람의 머리에도 약간의 혼란이 일어나기 쉽다.

그러나 이것은 픽션도 아니고 SF와도 다르다. 훨씬 뒤에 와서 우주선(宇宙線)의 사진 등을 번질나게 촬영할 수 있게 되자, 이때 광속에 가까운 속도로 달려가는 입자(이를테면 뮤입자)가 정지 상태에서 생각되는 수명보다 몇 배나 더 오래 존재한다는 사실이 확인되었다. 달려가는 상대는 수명이 길고, 시간의 경과가 느릿느릿하다는 것은 어김없는 사실이다.

정지해 있는 계 A에서 보아서 달려가고 있는 계 B쪽이 시간의 경과가 더디다는 것은 비교적 간단한 모델에 의해서 납득할 수가 있다. 계 B는 로켓이건 열차이건 상관없다. 그 속도는 빛과 비교해서 그다지 더디지 않다고 하자. 또는 알기 쉽게 속도가 꽤 느리다고 가정해도 된다.

그런데 열차(또는 로켓)의 마룻바닥에서 빛이 나가서 그 바로 위의 천정에 있는 거울에 부딪혔다가 다시 마룻바닥까지 되돌아오기까지의 시간을 생각해 보자. 열차의 높이를 가령 3m라고 한다. 내부 사람에게는 발광에서 착광까지 6m를 빛이 달려가는 시간이다.

그런데 열차 밖의 사람에게는 그렇게 되질 않는다. 발광점에서부터 반사점(천정의 거울)은 열차가 달려가는 앞쪽이 되면, 착광점은 그보다도 훨씬 더 앞쪽이다. 외부 사람에게는 빛이 높이 3m의 이등변삼각형의 두 빗면을 달려가는 것이 된다. 이 거리는 당연히 6m보다도 길다. 그러나 어느 쪽 사람(내부와 외부)에 대해서도 빛의 속도는 같다.

이렇게 되면 "발광"에서 "착광"까지에 소요되는 시간은 외부 관측자 쪽이 길게 느껴진다. 외부 사람이 발광에서 착광까지를 10분이라고 한다면 "그 시간"은 상대편(내부)에게는 7분이라든가 5분이라는 것밖에 안 된다. 외부에서 보면 내부 사람의 동작이 완만해지는 것이다. 자기보다 느리고 갑갑한 동작을 하고 있다고 느끼게 된다.

    마찬가지로 이 실험을 열차 바깥에서 하게 되면 내부의 사람은 창밖을 내다보면서 바깥사람들은 어쩌면 저렇게도 동작이 느릴까 하고 생각하게 된다.

7

빛보다 빠른 것을 찾자

외톨이 아인슈타인

공간과 시간의 개념이 관측자에 따라 달라진다는 어처구니없는 듯한 이 학설이 더욱이 특허국의 한 공무원에 의해 논문으로 발표되었다는 사실은, 그야말로 놀라운 일이었다. 발표자 알베르트 아인슈타인은 근무 중 틈틈이 조금씩 그 이론을 정리해 나갔다. 대학교수나 연구소 연구원이었다면 몰라도 본업의 여가를 틈내서 이 정도의 업적을 올렸다는 것은 물리학자 중에서도 달리 예를 찾을 수 없지 않을까?

1905년 당시, 학계와는 특별한 인연이 없었던 아인슈타인은 당연히 전문 학자들과 깊은 교류를 나눌 기회도 거의 없었다. 하지만 그는 베른 거리의 작은 연구회에는 자주 얼굴을 비쳤다고 한다. 당시 독일처럼 큰 연구회와 대학이 부족했던 스위스에서는 의사, 교사, 기술자 등 지식인 계층이 자발적으로 모여서 서로의 지식과 의견을 교환하고 있었다. 아인슈타인과 함께 특허국에 근무하던 몇몇 동료들도 이 연구회의 일원이었으며, 그가 처음으로 상대성이론을 이야기한 대상 역시 베른의 한 개인 집에 모인 이 연구회 동료들이었다.

20세기에 들어서면서, 물리학의 커다란 진보(또는 개혁이라고 하는 편이 나을지도 모른다)는 양자론(量子論)과 상대성이론이라 할 수 있다. 이 두 이론의 발전 과정을 비교해 보면, 양자론는 숱한 물리학자의 공동 연구를 통해 축적되어 온 결과인 반면, 상대성이론은 오로지 아인슈타인 한 사람에 의해서 만들어졌다고 해도 과언이 아닐 것이다.

로런츠나 민코프스키(Hermann Minkowski, 1864~1909년)의 사상이 도입되었다고는 하나, '상대성이론=아인슈타인'이라는 등식을 의심하는 사람은 없다. 만약 아인슈타인이 일찍부터 대학이나 큰 연구소에 소속되어 다수의 연구자들과 함께 상대성이론에 착수했다면 그 연구는 지금과는 전혀 다른 경로를 밟아 완성되었을지도 모른다.

그러나 연구의 성격상, 양자론은 다양한 연구자들의 집단적인 지혜와 협력이 필수적인 반면, 상대성이론은 예민하고도 날카로운 한 사람의 두뇌만으로도 완성될 수 있는 성질의 것이다. 따라서 비록 아인슈타인이 아니었더라도 상대성이론은 마침내 같은 결론에 이르렀을 가능성도 충분히 있다.

길고 긴 가위 이야기

상대성이론은 "진공 속에서의 광속은 어떤 관측자에게도 항상 일정하며, 세상에서 가장 빠른 속도이다"라는 사실에서 출발한다. 예를 들어 10광년 저편의 별은 10년 전 저같이 빛나고 있었던 것이며, 100광년 떨어진 천체의 모습은 100년 전 옛날의 모습을 우리가 현재 보고 있는 셈이다. 100광년의 항성이 이제 막 어떤 상태인지는 아무도 알 수 없다. 하늘을 올려다보며 별을 바라본다는 것은 단순히 아득히 먼 거리에 있는 무언가를 보는 것일 뿐만 아니라 아득한 과거를 들여다보는 일이기도 하다. 넓은 공간과 긴 시간이 밤하늘에 가득히 반짝이고 있는 것이다.

10광년 떨어진 곳에서 무슨 일이 일어났는지를 알기 위해선, 최소한 10년이 지나야 한다. 즉 그곳에서 출발한 정보가 우리에게 도달하는데 10년이 걸린다는 뜻이다. 그렇다면 이보다 더 빠르게 신호를 보낼 방법은 없을까? 이에 대해 과거에는 여러 가지 기발한 아이디어(?)들이 논의되기도 했다.

이를테면 날이 엄청나게 긴 가위가 있다고 가정하자. 이 가위의 손잡이나 걸쇠는 지구 가까이에 떠 있고, 그 날끝은 태양 표면까지 뻗어 있다고 해 보자. 물론 현실에서 그렇게 길고 거대한 가위가 있을 턱이 없고 설사 존재한다고 해도, 태양의 인력 때문에 태양 속으로 떨어져 버린다.

만약에 있다고 한들 그렇게 무거운(정확하게 말하면 걸쇠 주위의 관성 모멘트가 큰) 가위 따위는 도저히 움직일 수 있는 구조가 아니다. 그러나 어디까지나 단순한 신호 전달 수단으로서의 사고 실험(머릿속으로만 생각하는 실험)으로서 그런 가위를 상상하는 건 상관없다. 지구 위에서 손잡

매우 긴 가위나 막대기가 있다고 하자.
그것을 한쪽에서 움직이면 그 운동이 금세 멀리까지 전달될 것 같은 느낌이 든다.

이를 일정한 방식으로 움직이고, 그 움직임을 모스 부호처럼 신호화한다면, 그 정보는 마치 즉시 태양 쪽 끝으로 전달되는 것처럼 보일 수도 있다.

모스 신호를 보내는 것이라면 가위가 아니어도 된다. 지구와 태양 사이에 길고 단단한 고체 막대기를 두기만 해도 충분하다. 지구 쪽에서 한쪽 끝을 까닥까닥 밀거나 당기면, 그 움직임을 태양 쪽에서도 고스란히 알아차릴 수 있다. 막대기의 길이만 충분하다면 아무리 멀리 떨어진 별이라도 "지금 지구 위에서 대화산이 폭발했다", "지구 일부가 대폭풍으로 초토화되었다"는 식의 간단한 소식을 전할 수 있으리라는 생각이 든다.

빛이나 전파를 사용하더라도, 지구와 태양 사이에서 정보를 주고받는 데에는 8분 남짓 걸린다. 항성과의 통신이라면 수년 또는 수십 년의 시간이 필요할 것이다. 하지만 막대기를 사용할 수만 있다면 바로 그 자리에서 '기별'이 닿을 수 있지 않을까 하는 생각이 든다.

막대기나 가위를 떠올리면, 운동이 곧바로 먼 곳까지 전달될 것 같은 마음이 들지만, 이런 사고방식은 잘못이다. 광속 이상으로 빠르게 전달되는 정보 따위는 이 세상에는 없다. 구체적으로 말하면 아무리 긴 막대기가 있다고 하더라도 그 한쪽 끝을 밀었을 때 그 '미는 힘'은 빛보다 훨씬 느린 속도로 막대기 속을 달려가 오랜 시간이 걸려서 다른 끝에서 그 결과가 나타난다. 가위의 경우도 마찬가지다. '벌리는 힘'의 변화 역시 곧바로 전달되지 않고, 일정한 시간을 두고 천천히 움직인다.

우리가 알고 있는 가위는 기껏해야 수십 센티미터이고, 막대기라고 해도 길어야 수십 미터에 불과하다. 이 정도 길이라면 한쪽 끝에 힘을 가하면 거의 즉시 다른 쪽 끝에 그 영향이 나타난다. 우리는 이러한 현실의 현상을 너무 자주 경험하기 때문에, 아무리 먼 거리라 하더라도 힘이 순간적으로 전달되는 듯한 착각에 빠지기 쉽다. 그러나 우주적인 척도(尺度)에서 생각해 보면, 결코 그렇지 않다. '빛보다 빠른 통신은 없다'는 것이 바로 상대성이론의 기본적인 사상이다.

0.9 + 0.9 = 0.9947

특수상대성이론을 적용하면, 물체가 빠르게 움직일수록 그 질량이 증가한다는 사실을 알 수 있다. 아무리 작은 입자라도 광속에 접근할수록 가속이 점점 더 어려워진다. 또한 질량 자체가 에너지라는 결론에 도달하게 된다.

가령 로켓에 같은 힘을 지속적으로 가한다고 하자. 속도가 느릴 때는 주어진 에너지는 속도가 증가하는 형태로(즉 운동에너지가 증가하는 결과가 되어서) 주어진 에너지를 흡수하게 된다. 그러나 광속에 가까운 속도로 움직이는 물체에 에너지를 주어도 그리 속도가 증가하지 않는다. 가한 에너지는 어디로 갔을까? 그것은 로켓의 질량 증가라는 형태로 축적된다. 우리가 기존의 화학이나 물리학에서 배워 온 '질량 보존의 법칙'은, 상대성이론의 관점에서는 더 이상 그대로 적용되지 않는다.

　광속만이 유일하게 불변하다는 상대성이론의 입장에 서게 되면, 지금까지의 상식적인 물리학 체계는 근본적인 수정을 요구받게 된다. 또 오늘날 1905년이 상대성이론이 탄생한 해라는 사실은 물리학을 배우는 사람이라면 누구나 알고 있다. 그러나 실제로 그 시기에 스위스의 한 공무원이 제창한 상식을 깨뜨리는 이야기에 주목했던 사람은, 그것을 인정하건 인정하지 않건 간에 아직도 한 줌도 되지 않는 극소수의 물리학자이자 수학자에 불과했다.

　광속이 우주에서 가장 빠른 속도라는 주장에 대해서는 여전히 의문이 제기되고 있다. 로켓의 속도가 광속에 미치지 못한다는 사실은 인정한다고 하자. 그렇다면 지금 이 자리에서도 로켓을 광속의 90퍼센트로 달리게 하는 것은 가능하지 않을까?

　어쨌든 로켓 내부에서의 이야기라면 작은 로켓을 광속 이하의 속도로 달리게 하는 것은 가능할 것이다. 이렇게 되면, 작은 로켓이 큰 로켓에 대해 광속의 90퍼센트로 움직이고, 큰 로켓은 정지계에 대해 역시 90퍼센트의 속도로 달리게 된다. 그렇다면 정지계에 있는 사람이 작은 로켓을 볼 때 광속의 180퍼센트로 움직이게 되는 건 아닐까? 이처럼 2단 구조의 계를 가정하면 광속의 한계를 돌파하는 셈이 되어 상대성이론의 대전제가 무너지는 건 아닐까?

　아인슈타인은 이 의문에 대해서도 정확한 대답을 제시했다. 예를 들어 시속 30km의 거대한 배 안에서 시속 50km로 자동차가 달린다면,

그 자동차는 해면 기준으로 시속 80km로 움직이게 된다. 이것은 단순한 덧셈으로 설명된다. 그러나 빛의 속도에 필적할 만한 빠른 속도에서는, 두 속도의 합은 이렇게 단순한 덧셈으로는 얻을 수 없다.

정지계, 큰 로켓계, 작은 로켓은 각각 맹렬하게 상대운동을 하고 있기 때문에, 서로 공간과 시간은 달라지게 된다. 이를 정확히 고려해 계산해 보면, 광속의 0.9배로 움직이는 두 로켓의 경우, 정지계에서 본 작은 로켓의 속도는 광속의 0.9947배가 된다. 또 큰 로켓이 빛의 0.95배이고, 그에 대해 작은 로켓의 큰 로켓에 대한 속도가 0.95배라고 하면 정지계에서 본 작은 로켓은 광속의 1.9배가 아니라 0.99868배가 된다.

매우 빠른 속도로 움직일 수는 있지만, 결코 광속을 초과할 수는 없다. 계산식은 지금까지의 상식적인 것과는 달라지지만 상대성이론은 모순 없이 성립되는 것이다.

이러한 연구 활동 중에서도 아인슈타인은 자신의 취미를 잊지 않았다. 베른에는 과학 연구회 말고도 다양한 동호인 모임들이 있었고, 그는 바이올린을 들고 아마추어 연주회에 참여하곤 했다. 베토벤, 모차르트, 하이든의 곡들이 자주 연주곡으로 선택되었으며, 아인슈타인은 5중주에서 제2 바이올린 파트를 맡았다고 한다.

주 1회 열리던 이 모임은 당시 아인슈타인에게 더없이 소중한 정신적 휴식의 장이었을 것이다. 특허국의 공무원들과의 교제와도 교류나 과학에 관심 있는 이들과의 만남과는 또 다른 분위기 속에서, 그는 순수한 음악 애호가들과 함께 음악을 즐기며 하룻밤의 흥겨움을 마음껏

누릴 수 있었다.

  1905년, 일부 과학자들은 이미 아인슈타인의 비범한 재능을 높이 평가하고 있었다. 그러나 악기를 연주하던 베른의 서민들은 자신들의 이웃 중에 그런 위대한 천재가 있으리라고는 꿈에도 몰랐다. 그들은 밤이 깊어가는 줄도 모른 채, 음악에 열중하며 시간을 보냈다.

8

상대성이론의 이해자들

새 학설을 평가한 세 사람의 학자

아인슈타인에게 있어 행운이었던 점은, 그가 제창한 상대론이 발표되자마자 몇몇 저명한 학자들로부터 높은 평가를 받았다는 사실이다.

그중 한 사람은 프랑스의 수학자 푸앵카레(Henri Poincare)였다. 그는 함수론과 미분방정식론 연구로 유명한 파리대학의 교수였으며, 물리학과 천문학에도 깊은 관심을 보였다. 자신의 특기인 수학적 수법을 활용해 대학에서는 역학, 수리물리학, 천체역학을 가르쳤다. 푸앵카레는 스위스에 있는 한 청년이 빛의 양자설과 상대성이론을 발표했다는 소식을 듣고, 직접 만난 적은 없었지만 이 젊은 학자의 업적을 수학자와 물리학자들에게 설득시키고 다녔다.

양자론의 개척자라고도 할 수 있는 독일의 플랑크도 자신이 1900년에 발표한 빛의 이론을 아인슈타인이 뛰어난 사고방식으로 결론지은 것을 보고 그의 탁월한 두뇌에 감탄을 보냈다. 그는 아인슈타인의 상대성이론에 대해서도 큰 찬사를 아끼지 않았다. 일반적으로 플랑크라고 하면 곧 양자론을 떠올리지만, 그가 상대성이론에 대해서도 깊은 관심과 열의를 가지고 있었다는 사실은 널리 알려져 있지 않다.

플랑크가 양자론을 출발시키는 계기가 된 것 중 하나는 바로 '빈의 가설'이었다. 이 가설을 제안한 빈(W. Wien, 1864~1928년)도 상대성이론의 훌륭한 이해자였다. 당시 빈은 독일 중부의 뷔르츠부르크(Würzburg)라는 도시에 거주하고 있었고, 그 곁에는 라우프(J. J. Laub)라는 젊은 연구자가 함께 있었다. 라우프는 반사에 관한 논문을 준비 중이었으며, 그는 스승 빈과 함께 새롭게 등장한 학설인 상대성이론에 대해 자주 토론을 나누었다.

상대성이론은 새로운 학설인 만큼 이해하기 어려웠고, 두 사람 사이에 해석이 엇갈리는 경우도 많았다. 토론이 격해지는 일도 잦았는데, 어느 날 빈은 고집 센 제자에게 이렇게 말했다.

"자네가 그토록 고집한다면 아인슈타인에게 가서 직접 들어보고 오게나."

라우프는 스승의 말을 그대로 받아들여 실제로 베른까지 찾아갔고, 그곳에서 오랫동안 머무르며 아인슈타인과 직접 교류했다. 때는 1907년 초였다.

라우프는 물론이고, 가족을 부양하던 아인슈타인도 당시 가난한 생활을 하고 있었기에, 두 사람은 추운 겨울밤을 난방이 잘 되지 않는 방에서 이야기하며 보냈다. 라우프의 아인슈타인 방문은 이듬해에도 이어졌고, 두 사람은 맥스웰이 정립한 전자기학의 기본 방정식들이 상대성이론의 관점에서도 모순되지 않는다는 사실을 함께 확인했다. 그 결과 전자기학과 상대성이론에 관한 연구가 두 사람의 공동 명의로 발표되었다.

로런츠의 비판

특수상대성이론이 탄생하는 과정에서 네덜란드의 이론물리학자 로런츠(H. A. Lorentz)의 이름을 빼놓을 수 없다. 그는 19세기 말, 원자의 구조(중심에 원자핵이 있고, 주위를 전자가 돌고 있는 것)조차 명확히 밝혀지지 않았던 시대에 중심에 원자핵이 있고 그 주위를 전자가 도는 형태를 예견하며, 질량을 가지고 음전하를 띤 '전자'라는 작은 입자의 존재를 재빠르게 가정했다.

그리고 그는 전자가 금속 내부를 이동하거나 금속으로부터 공기 중으로 튀어나오는 등 다양한 행동을 수학적으로 분석해 실제 전자기 현상을 정교하게 설명해 냈다. 이것이 바로 이른바 로런츠의 전자론(電子論)으로 불리는 이론이다.

이 밖에도 그는 제만효과(분자나 원자를 자기장 속에 두었을 때 나타나는 특수한 현상)에 대한 연구 등으로 제2회 노벨 물리학상(1902년, 제1회는 뢴트겐)을 수상했다.

이 로런츠도 시간과 공간에 대한 연구에 착수했다. 마이컬슨-몰리의 실험 결과는 부정할 수 없었다. 그러나 빛이 파동이라면 그 파동이 전파되기 위해서는 매체인 에테르의 존재를 인정하지 않을 수 없었다. 이러한 이유로 그는 물체가 에테르 속을 달려갈 때는 에테르의 작용 때문에 반드시 수축한다는 가정을 세웠고, 이를 통해 여러 현상을 효과적으로 설명할 수 있었다. 이 가설은 1904년에 제시된 것이다.

지구 위에서는 막대기가 남북 방향으로 놓여 있을 때보다 동서 방향으로 놓여 있을 경우, 아주 미세하게 수축된다는 다소 인위적인 가정을 따로 한다면, 아인슈타인처럼 시간과 공간의 절대성을 부정할 필요는 없게 된다. 로런츠의 이론은 그것 나름대로 모순 없이 잘 정리되어 있었다. 그렇기 때문에 1905년 아인슈타인이 상대성이론을 제창했을 때, 로런츠는 이를 강하게 비판했다.

이름도 알려지지 않았던 한 공무원의 학설과 노벨상을 받은 저명한 학자의 이론이 대립하게 된 셈이었지만, 앞서 언급했듯이 대부분의 저명한 학자들은 아인슈타인의 상대성이론을 지지했다. 이후 여러 실험을 통해 상대성이론이 옳다는 사실이 입증되었고, 로런츠 자신도 결국 이를 인정하게 되었다.

다만 아인슈타인과 때거의 같은 시기에 공간과 시간의 구조를 연구했던 이 저명한 학자의 이름을 따서, 상대성이론에서 나타나는 시간과 공간의 축소 현상을 로런츠 수축이라고 부른다. 또한 상대성이론에서 한 계로부터 다른 계로 옮겼을 경우의 위치나 시간을 나타내는 변수(變數)를 바꾸는 것을 로런츠 변환이라고 부르는 것이 관례가 되었다.

민코프스키의 놀라움

시간과 공간의 문제에 정면으로 대결한 로런츠는 한때, 상대성이론에 비판적인 입장을 보였으나 독일의 수학자 민코프스키는 처음부터 아인슈타인에게 협력적인 태도를 보였다. 그는 발트해 연안의 리투아니아(Lituania)에서 태어났으며, 1895년에는 쾨니히스베르크(Königsberg, 여기에 걸려 있는 다리는 쾨니히스베르크의 다리라 하여 "단번에 내려 그리기"의 문제로 유명), 1896년에는 취리히, 1902년에는 괴팅겐에서 대학교수가 되었다. 그는 정수론(整數論)에 새로운 기하학적 접근을 도입한 연구로 널리 알려져 있다.

대부분의 학자들은 1905년에 발표된 논문을 읽고 스위스에 있는 젊은 연구자 아인슈타인을 처음 알게 되었지만, 민코프스키만은 예외였다. 그의 이력을 보면 알 수 있듯, 아인슈타인이 취리히 연방 공과대학의 학생이었을 당시, 민코프스키는 그곳에서 강의를 맡고 있었다.

민코프스키는 자신의 강의에 항상 완벽한 준비를 하고 있었던 것은 아니었던 듯하다. 이 때문에 학생들 입장에서는 이해하기 어려운 부분도 있었지만, 그런 만큼 즉흥적인 요소도 있었다. 특히 아인슈타인은 민코프스키의 열성적인 청강자 중 한 사람이었으며, "해석 역학의 응용"이라는 강의 등을 통해 교수의 사상을 흡수해 나갔다.

이후 괴팅겐으로 자리를 옮긴 민코프스키는 아인슈타인의 상대성이론을 읽고 깊은 충격을 받았다. 그가 그렇게 놀란 이유 중 하나는, 자신이 평소에 구상해 오던 시간과 공간에 대한 개념을 아인슈타인이 훌륭하게 정리하고, 정교하게 수식화한 방식의 탁월함 때문이었다.

민코프스키가 놀란 또 하나의 이유는 "저토록 게으름뱅이던 학생이 어떻게 이런 훌륭한 연구를 해냈단 말인가?" 하는 것이었다고 한다. 아인슈타인 입장에서는 열심히 강의를 들었다고 생각했겠지만, 민코프스키의 눈에는 그렇게 보이지 않았던 모양이다. 낯가림이 심한 이 유대인 학생은 아마 친구도 없이 조용히 책상에 앉아 있었을 것이다. 활달함이라고는 거의 없고, 오직 자신이 흥미를 느끼는 것에만 몰두하는 '창가의 학생'에게서는 아무리 보아도 천재나 수재의 모습은 한 조각도 찾아볼 수 없었던 것임에 틀림없다.

특수상대성이론이 세상에 발표되자, 민코프스키는 그것을 도형적인 방법으로 정리해 나갔다. 아인슈타인 이론을 도형적으로 해석한다는 것은 공간과 시간을 분리하지 않고 하나의 통합된 틀 안에서 함께 다루는 방식을 의미한다.

세로, 가로, 높이로 이루어진 3차원 공간은 과거에서 미래로 영구히 이어지는 시간과 결코 무관하지 않다. 세로, 가로, 높이의 세 방향 외에 다시 이 세 가닥의 어느 방향과도 직교하는 시간 축을 설정하고, 이 4차원 내에서의 취급이 특수상대성이론의 수식과 대응한다. 이와 같은 4차원 시공간 개념은 아인슈타인의 이론을 기하학적으로 해석한 것으로, 이 이론을 정립한 학자의 이름을 따서 민코프스키 공간이라 불린다.

첫 강의를 받은 사람은 몇 사람뿐

아인슈타인의 이름은 연배가 높은 저명한 학자들뿐 아니라, 젊은 물리학자들 사이에서도 점차 퍼져 나갔다. 그중 한 사람이 바로 막스 폰 라우에(Max T. F. von Laue, 1879~1960년)였다. 그는 1905년에 베를린에서 막스 플랑크의 조수로 임명되었으며, 이후 취리히대학교 객원교수를 거쳐 프랑크푸르트대학교와 베를린대학교의 교수로 재직했다. 라우에는 고체에 X선을 쬐어 그 간섭줄무늬(interference fringe)로부터 원자 배열을 연구하는 실험으로 특히 유명하다. 이 간섭줄무늬는 일반적으로 라우에 반점이라 불리며, 그는 이 연구 공로로 1914년 노벨 물리학상을 수상했다.

상대성이론이 발표된 무렵, 스승인 플랑크로부터 새 학설을 들은 라우에는 라우프와 마찬가지로 베른을 찾아갔다. 특허국의 문을 들어선 라우에는 눈앞에 있던 다소 초라한 차림의 사내가 설마 아인슈타인일 리 없다고 생각해 상대성이론의 창시자를 찾아 안쪽 방까지 들어갔다고 한다. 아마도 그는 천재 물리학자라면 잘 꾸며진 연구실의 책상 앞에 거만하게 앉아 있을 것이라 상상했을 것이다. 이 일화는 상대성이론과 광양자 가설을 탄생시킨 천재도 여전히 가난한 생활을 계속하고 있었음을 잘 보여준다.

이윽고 오해가 풀리고 나서, 두 물리학자는 연구 내용에 대해 활발히 토론을 나누었고, 때로는 함께 스위스의 들판을 산책하기도 했다.

라우에라고 하면 곧 X선의 결정 산란(結晶散亂)을 떠올리게 되는데, 그의 스승도 플랑크와 마찬가지로 상대성이론에 깊은 흥미를 가지고 있었다.

아인슈타인의 연구 내용을 이해한 학자들은, 그를 단지 특허국의 공무원으로 두기에는 아깝다고 생각하고 있었다. 대학이나 연구소에 그를 추천하겠다고 나서는 이들도 점점 많아졌다. 라듐 연구로 유명한 마리 퀴리(Marie Curie, 1867~1934년)도 아인슈타인을 깊이 이해했던 학자 중 한 사람으로 전해진다.

1908년에 아인슈타인은 베른대학교에 강의 자격을 신청했고, 마침내 그 자격이 인정되었다. 그는 드디어 공무원 신분에서 벗어나 대학 강사가 된 것이다. 그러나 그의 첫 강의 "복사(輻射)의 원리"를 듣는 수강생은 겨우 몇 명에 지나지 않았다(2~4명). 물론 보수도 넉넉할 리 없었다.

그의 여동생 마야(Maja)는 오빠의 강의를 듣고 싶어 대학을 찾았고, 강의실을 묻자 수위가 놀라며 이렇게 말했다고 한다.

"예? 저 누더기 옷을 입은 사람이 당신의 오빠입니까? 믿을 수 없군요."

아인슈타인이 국제적으로 명성이 높았던 취리히대학교의 강단에 처음 선 것은 그 이듬해의 일이었으며, 그때까지도 그의 가난한 생활은 계속되고 있었다.

9

빛나는 대학교수 시절

특허국으로부터 베른대학교로

아인슈타인은 1908년, 29세의 나이에 베른대학교 강단에 서게 되었다. 이는 특허국의 한 말단 공무원에서 갑자기 대학 강사로 임용된 사례로, 유럽과 미국을 통틀어 보아도 매우 드물다. 보통은 처음에 대학의 조수로 임용된 뒤, 전임강사, 조교수, 부교수, 교수 순으로 승진하는 것이 일반적이다.

새로 조수를 채용할 경우 (특히 자연과학계에서는) 전국적으로 일반인에게까지 공모하는 경우가 많다. 대학교수는 초중고 교사와 달리 교원 자격증을 요구하지 않는다. 대신 응모 시점까지의 연구 업적이나 현재 진행 중인 연구 내용이 매우 중요하게 평가된다. 또한 이공계 분야에서는 박사 또는 석사학위를 필수 조건으로 삼는 일이 많다.

오늘날 대부분의 대학은 대학원을 운영하고 있다. 따라서 박사학위 취득자 수도 엄청나게 많아졌다. 젊은 박사의 대부분은 연구자의 길을 목표로 삼고 있다. 이러한 상황에서 한 대학에 조수 자리가 생겨 공모가 이뤄지면, 20명, 30명씩 응모하는 일도 드물지 않다. 초등학생이나 중학생 시절부터 몇 번씩이나 엄격한 시험을 통과해 박사학위를 취득했다 하더라도 그 앞에는 취업이라는 어려운 현실이 기다리고 있는 게 현재의 실정이다. 미국 등지에서는 한 자리의 공석이 생기면 100명이 넘는 미취업 박사들이 지원하는 경우도 있다고 한다.

이상은 제2차 세계대전 이후의 현실이며, 20세기 전반에는 사정이 상당히 달랐다. 당시에는 연구소나 대학의 책임자(이를테면 주임교수)가 업적이 뛰어난 연구원을 빼돌리는 경우가 많았다. 즉 일반적으로 스카우트 제도가 활발히 운영되고 있었던 것이다. 물론 오늘날에도 그런 제도가 없는 것은 아니지만, 박사학위를 갖고 있음에도 불구하고 직업을 얻지 못하는 연구자는 미국이나 다른 나라에서도 엄청난 수에 달한다.

다만 직업을 얻고 난 뒤의 생활은 우리나라와 유럽, 비국 등 서구권에서는 크게 차이가 난다. 서구에서는 처음에 어느 한 대학에 재직하여 연구를 이어가던 중, 다른 대학이나 연구소로 스카우트되어 일생 동안 몇 차례, 때로는 수십 차례에 걸쳐 직장을 바꾸기도 한다.

연구자 개인에게도, 연구기관 입장에서도 이처럼 신진대사가 활발하게 이루어지고, 늘 새로운 사고방식이 도입되는 것은 분명 바람직한 일이다. 일본에서도 전후 이러한 시스템을 도입하려는 노력이 있었지만, 실제로는 좀처럼 기대만큼 정착되지 못한 듯하다.

출발은 무급 강사에서부터

아인슈타인은 그의 업적을 이해한 학자들의 추천과 본인의 희망에 따라 베른대학교의 강사가 되기는 했지만, 아무리 업적을 존중하는 유럽이라 하더라도 처음부터 정규 교수가 될 수는 없었다.

당시 스위스와 독일 등지에서 시행되던 특별한 제도에 따라, 그는 일종의 견습 강사에 해당하는 무급 강사로 출발해야 했다. 이 제도는 학생들이 납부한 수업료가 강사의 수입이 되는 일종의 배분식 강의 시스템이었다. 오늘날 아인슈타인의 이름은 전 세계적으로 알려져 있지만, 1908년 전후 당시만 해도 일부 물리학자나 수학자 이외에는 '상대성이론'이라는 참신한 학설을 아는 사람은 거의 없었다. 그 결과 이 위대한 학자의 강의를 듣겠다는 학생 수는 고작 몇 명(2~4명)에 불과했고, 수입도 매우 미미했다.

아들러와의 사귐

비록 무급 강사의 신분이었지만, 아인슈타인은 학회에 참석하고 학자 동료들과 의견을 교환할 기회를 특허국 시절보다 훨씬 더 많아졌다. 그리고 아인슈타인처럼 전도유망한 연구자를 베른대학교의 무급 강사로만 두기에는 너무 아깝다는 소리가 물리학자들 사이에서

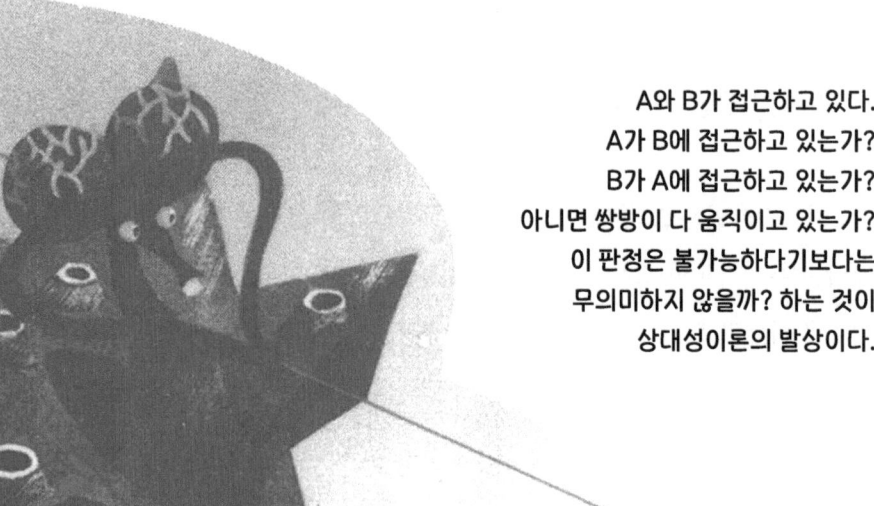

A와 B가 접근하고 있다.
A가 B에 접근하고 있는가?
B가 A에 접근하고 있는가?
아니면 쌍방이 다 움직이고 있는가?
이 판정은 불가능하다기보다는
무의미하지 않을까? 하는 것이
상대성이론의 발상이다.

일어났다. 때마침 그 무렵 아인슈타인이 젊은 시절 몇 해를 보냈던 취리히대학교에서 이론물리학 교수직 자리가 하나 새로이 개설되었다. 이 자리를 마련하는 데 힘쓴 인물은 이 대학의 실험물리학자였던 클라이너(A. Kleiner)교수였다. 교수는 이 새로운 자리에 자신의 제자인 프리드리히 아들러(F. Adler, 1879~1960년)를 추천할 생각을 하고 있었다. 제1차 세계대전 이전의 발칸반도 주요 지역은 오스트리아-헝가리 제국이었고 이 제국의 사회민주당 설립자가 바로 아들러의 아버지였다.

아들러는 학구적인 동시에 정치에도 큰 관심을 가졌으며, 사상, 정치, 자연과학 등 다방면에 걸쳐 정력적으로 활동했다. 그는 아인슈타인에게 정치운동을 권했으나 당시 아인슈타인은 내켜 하지 않았고, 오히려 아들러에게 "정치에 너무 깊이 개입하는 것은 과학에 대한 모독이다"라고 충고했다고 전해진다.

당시 취리히주 교육국 회의에서는 새로운 교수 자리에 아들러가 가장 적임자라는 취지의 제안이 있었으나 당사자인 아들러는 이렇게 말했다.

"이론물리학의 교수는 학문적인 재능만으로 결정하지 않으면 안 된다. 자기보다도 아인슈타인이 학문적 업적에서는 훨씬 훌륭하다."

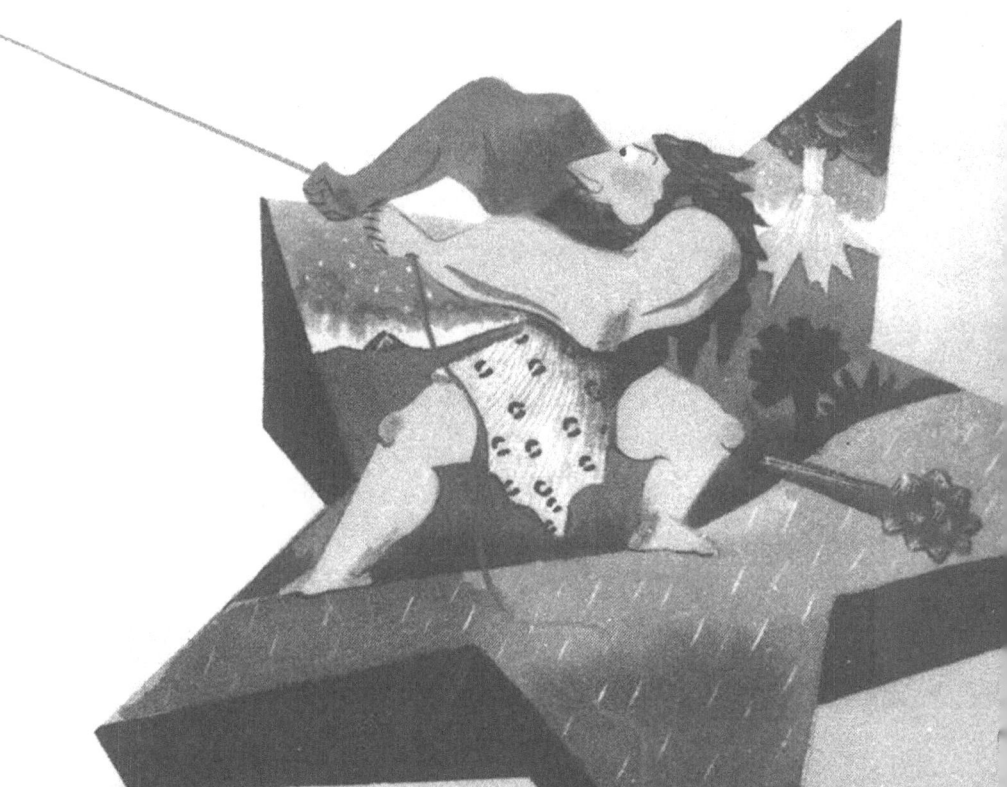

결국 아들러의 주장이 받아들여졌고, 아인슈타인은 1909년 10월 15일 자로 취리히대학교 객원교수로 임명되었다. 객원교수는 일반 교수에 준하는 지위를 가지며, 무급 강사와 비교하면 사회적 지위도 훨씬 높았다.

파격적인 강의 풍경

한편 아인슈타인은 1909년 12월, "현대 물리학에서의 원자론의 역할"이라는 제목으로 취임 강연을 진행했다. 유럽을 비롯한 서구권에서는 새로운 교수가 대학에 부임하면, 자신의 주요 연구 내용을 주제로 강연하는 것이 관례로 자리 잡고 있었다. 대부분의 강연자는 사전에 충분히 검토한 원고를 준비하는 것이 보통인데 아인슈타인은 거의 원고 없이 즉흥적으로 강연을 진행했다. 그 때문에 이야기의 순서가 다소 바뀌거나 흥을 돋우는 일이 부족한 면도 있었지만, 격식을 갖춘 강연보다 훨씬 독특하고 신선한 인상을 주었다고 한다.

취리히대학교에서의 첫 해, 아인슈타인의 강의는 역학 입문 4시간, 열역학 2시간, 물리 실습이 1시간으로 구성되었으며, 수강생은 모두 십여 명 정도에 불과했다. 이후에는 역학 대신 전자기학을 담당하여 물리 실습도 클라이너 교수와 공동으로 지도하게 되었다.

취임 강연 때와 마찬가지로 그는 틀에 박힌 수업을 싫어했다. 그는 자신이 김나지움이나 공과대학교의 학생이던 무렵, 형식적인 지식의 주입에 진절머리가 나 있었던 것이다. 논리적으로 잘 짜인 내용을 듣고 받아 적은 뒤, 그것을 외우는 방식은 학생 입장에서는 편할 수 있다. 그러나 그러한 방식에서는 '생생한 교사의 모습', 즉 진심으로 학생과 소통하려는 교육자의 열정을 찾아보기 어렵다. 아인슈타인은 거의 아무 준비도 하지 않고 강단에 서서 이야기를 시작하곤 했다.

하나의 식에서 다음 식으로 옮겨갈 때는 그 자리에서 바로 계산을 시작하지 않으면 안 된다. 아인슈타인이라고 해도 당장 계산이 될 턱이 없다. 이럴 때 그는 "이 부분은 잠시 보류하자"고 말한 뒤 강의를 계속 진행했다. 그러다 한참 후에야 "아까 하던 계산이 떠올랐어"라며 다시 앞서 놓친 내용을 되짚곤 했다. 이런 방식은 듣는 학생들에게 다소 혼란을 줄 수도 있었지만, 오히려 "인간적인 교수의 모습"을 느끼게 했고, 학문에 대한 친근함과 생동감을 갖게 만들었다. '완성된 교과서에만 의존하지 않는다'는 것이 그의 강의를 특별하고 매력적으로 만든 가장 큰 이유였을 것이다.

그 당시 아인슈타인 가족의 생활

학자로서의 지위는 이제 확고해졌지만, 취리히에서의 아인슈타인 가족의 생활은 결코 여유롭지 않았다. 특허국 근무 시절이나 베른대학교 무급 강사로 일하던 때에 비해 수입은 약간 나아졌지만, 아이들이 늘어나고 교수로서 감당해야 할 최소한의 교제와 활동을 생각하면 가계는 여전히 빠듯했다. 사실 아인슈타인은 옷차림에는 전혀 신경을 쓰지 않았고, 머리 손질에도 무관심했기 때문에 강단에서 그를 처음 본 사람들은 "저 사람이 정말 유명한 상대성이론을 만든 학자일까?" 하고 놀랐다고 한다.

취리히로 이주한 지 약 3년쯤 지나면서, 아인슈타인에게는 다른 대학에서 초빙 제안이 하나둘씩 들어오기 시작했다. 그중에서도 가장 적극적으로 움직인 곳이 바로 프라하대학교였다.

오스트리아-헝가리 제국에 속했던 옛 도시 프라하에는 대학이 두 개로 나뉘어 있었는데, 하나는 독일계, 다른 하나는 체코계였다. 독일계 대학에서는 수업이 독일어로 진행되었고, 체코계 대학에서는 체코어를 사용했다. 아인슈타인의 사상에 큰 영향을 준 인물인 에른스트 마하는 이 독일계 프라하대학교의 초대 학장이었다. 그리고 아인슈타인을 초빙하려 한 쪽 역시 바로 독일계 대학이었다.

사실 이 경우에도 경쟁자가 있었다. 구스타프 야우만(Gustav Jaumann)이라는 학자도 프라하대학교의 해당 교수직에 후보로 올라 있었으나, 위원회는 연구 업적을 검토한 끝에 아인슈타인을 제1후보로 결정했다. 그런데 이 과정에서 문제가 발생했다. 당시 독일계 프라하대학교는 독일인이 아닌 인물을 교수로 임명하는 것을 꺼리는 분위기가 있었고, 그 때문에 위원회는 제1후보와 제2후보의 순위를 서로 바꾸어 버렸다.

제1후보가 된 야우만은 취리히의 아들러와는 달리 속이 좁았다. 기묘한 학설을 주장하는 유대인 따위와 비교되는 것은 싫다고 하여 스스로 후보에서 물러났다. 그래서 프라하대학교 측은 아인슈타인 한 사람에게만 집중해 교수로서의 임명을 정식으로 요청하게 되었다.

사태의 경위를 잘 알고 있던 아인슈타인은 그리 유쾌하지만은 않았지만, 취리히에서의 보수와 비교하면 프라하대학교의 대우가 훨씬 나았고, 결국 지금까지의 경위는 모두 잊기로 한 그는 1911년의 이른 봄, 프라하로 떠날 결심을 하게 되었다.

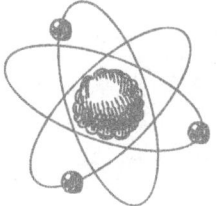

10
드디어 일반상대성이론으로

프라하의 알베르트

몰다우강[(Moldau), 블타바(Vltava)강의 독일어 이름]을 따라 발달한 프라하의 거리는 14세기 카를 4세(Karl IV, 1316~1378년) 치하에서 중부 유럽 중 가장 번영한 도시가 되었으며, 이후 종교 개혁에서도 중요한 역할을 했다. 프라하대학교 설립은 카를 4세 무렵(1348년)에 이루어졌고, 아인슈타인이 부임했을 때는 이미 600년에 가까운 오랜 전통을 지니고 있었다.

또한 이곳은 고대 로마시대부터 여러 이민족이 접촉했고, 민족 간의 투쟁이 끊이지 않았다. 1882년에 대학이 독일계와 체코계로 갈라진 것도 민족 간의 갈등 때문이었다.

독일어를 말하면서도 독일인으로 받아들여지지 않는 유대인 아인슈타인에게는 프라하는 반드시 살기 좋은 곳만은 아니었다. 당시 러시아에서 시작된 유대인 박해로 인해 많은 유대 난민은 폴란드 지방(당시 러시아제국의 서쪽 끝에서 동프로이센에 걸치는 일대)과 오스트리아-헝가리 제국으로 쏟아져 들어오고 있었다. 이들은 가는 곳마다 사회적 부담이나 골칫거리로 취급받기 일쑤였다.

물론 히틀러에 의한 대탄압은 이로부터 20년 뒤의 일이지만, 당시 프라하는 조용하고 아름다운 거리였다. 알베르트가 일반상대성이론 연구를 시작한 것은 이 대학에 머물고 있던 무렵부터라고 한다.

일반상대성이론(一般相對性理論)은 아인슈타인이 1915년부터 1916년에 걸쳐 발표한 이론으로, 이 때문에 1905년에 발표한 기존 이론은 특수상대성이론이라 불리게 되었다. 그렇다면 두 이론은 어디가 어떻게 다를까? 이것은 뉴턴 역학과 비교하면 쉽게 이해할 수 있다.

뉴턴의 운동 제1법칙에 따르면, 물체에 힘이 작용하지 않거나 둘 이상의 힘이 작용하더라도 그것들이 상쇄하고 있을 경우를 말한다. 이때는 최초에 정지해 있던 물체는 계속 정지해 있고, 처음부터 움직이던 물체는 같은 속도와 방향으로 곧장 계속해 달려간다.

그렇다면 물체에 힘이 작용한다면(또는 수많이 작용하고 있는 힘이 균형을 이루지 않는다면) 어떻게 될까? 당연히 의문이 생긴다. 이 물음에 답하는 것이 뉴턴의 제2법칙이다. 제2법칙에 따르면 물체는 힘의 방향으로 가속된다.

진행 방향에 힘이 가해지면 '속도'가 증가한다. 진행 방향과 수직 방향으로 힘이 작용하면 물체는 휘어진다. 진행 방향에 대해서 늘 일정한 수직힘이 작용하면 물체는 결국 원을 그린다. 어쨌든 속도가 일정한 경우보다도 힘이 작용해 속도가 변화하는 경우가 더 일반적인 운동 현상이라 할 수 있다.

아인슈타인의 1905년 특수상대성이론에서는 두 계 사이에 상대속도가 있을 때 상대의 길이는 단축되고 시간은 느리게 흐른다는 것이었다. 물론 이 내용만으로도 사람을 놀라게 하기에 충분하나, 더 일반적인 경우를 조사하고 싶어지는 것은 당연한 일이다. 두 계의 상대속도가 자꾸 변화할 때는 어떻게 될까? 속도가 일정한 때에도 어려운 식이 나오는 만큼, 가속이 포함된 경우엔 훨씬 더 복잡해질 수밖에 없었다.

만유인력과 '겉보기의 힘'

물체가 가속하기 위해서는 '힘'이 필요하다. 특수상대성이론에서는 힘을 생각하지 않아도 되지만, 속도를 변화하는 일반상대성이론에서는 '힘'이라는 개념을 새롭게 정립해야 했다. 그런데 물체를 막대기로 밀거나 밧줄을 매어서 당기면 그 물체는 힘을 받게 되는데 "물체가 질량을 가지고 있을 때 직접적으로 그것에 닿지 않아도 힘을 받는" 경우가 두 가지가 있다. 그 하나가 만유인력(萬有引力)이다.

지구 표면에 있는 어떤 물건이건 지구의 중심 방향으로 끌어당겨지고 있다. 수소가 들어간 풍선은 지구의 중심과 반대 방향으로 떠서 가지만 실제는 수소보다 무거운 질소와 산소가 떨어지고 있다고 생각하면 된다.

양쪽의 질량이 더불어 1kg 정도의 물체인 경우에도 매우 정밀한 실

힘을 하게 되면 근소하게나마 서로 간에 만유인력이 작용하고 있음을 안다. 거꾸로 양쪽이 큰 천체일 때는 공전궤도(公轉軌道) 등에 의해 만유인력의 존재가 실증되고 있다.

질량에 작용하는 제2의 힘이란 이른바 관성력(慣性力)이다. 예를 들어 전차가 갑자기 멈추면, 내부에 있는 사람은 와르르 앞으로 쓰러지고 손잡이는 앞쪽으로 기울어진다. 급정거를 하는 짧은 시간이기는 하나 전차 안의 모든 물체에 전방으로의 힘이 작용한 것이 된다. 질량이 큰 물체일수록(즉 무거운 물체일수록) 그 순간에 전방으로 미는 힘이 강해진다. 누가 직접 밀어준 것도 아닌데도 "급정거한 전차 안에 있었다"는 것만으로 힘이 작용한다. 이 힘을 달랑베르(Jean Le Rond d'Alembert, 1717~1783년)의 힘이라고 부르기도 한다.

달랑베르의 힘은 왜 발생하는 걸까? 설명은 간단히 할 수 있다. 전차가 일정한 속도로 달려가고 있을 때 전차 안의 것은 모조리(창문을 닫아놓고 있으면 그 속의 공기까지도) 등속 직진운동을 하고 있다. 전차의 차체가 급정거를 하더라도 차체에 고정되어 있지 않는 것은 그대로 등속 직진운동을 계속하려 한다. 그러므로 정지하려는 차체에서 본다면 내부의 것은 앞쪽 방향으로 가속하듯이 느껴진다. 달랑베르의 힘이란 이렇게 입장을 바꿔 측정했을 때의(즉 감속하고 있는 전차를 좌표계로서 생각했을 경우의) '겉보기의 힘'이라 할 수 있다.

'그러나……' 하고 아인슈타인은 생각했다. 지구 위의 물체에 작용하는 만유인력과 관측하고 있는 계가 가속하기 때문에 나타나는 '겉보기의 힘'이란 과연 이질적인 걸까?

지구 위 물체는 무거운 것이건 가벼운 것이건 질량과 관계없이 바로 밑 방향으로 매초 9.8m의 가속도로 낙하하려 한다. 책상 위나 마룻바닥 위에 물체를 두면 물론 낙하하지 않으나 그 대신 질량과 가속도의 크기를 곱해서 합산한 힘으로써 책상과 마룻바닥을 밑으로 내리누르게 된다.

전차를 매초 9.8m의 가속도로 빠르게 또는 느리게 하는 것은 불가능한 일이 아니지만 이와 같은 큰 가속도(이 가속도의 크기를 1G라 부른다)를 오래도록 전차에 작용시키기는 어렵다. 또 지상에서의 탈 것에서는 달랑베르의 힘 이외의 늘 지구에 의한 인력이 작용하고 있으므로 '겉보기의 힘'만에 좌우되는 상태를 만들어 낸다는 것은 거의 불가능하다.

여기서 가상 실험으로 로켓을 생각하고 천체로부터 충분히 떨어진 우주 공간을 달려가고 있는 것으로 한다. 천체로부터의 인력은(떨어져 있으므로) 무시해도 된다.

로켓이 만약 등속 직진운동을 하고 있으면 내부는 완전히 무중력 상태이고 승무원 등은 선내에서 두둥실 떠 있게 된다. 여기서 로켓이 분사를 시작하여 1G의 가속으로 속도를 증가하고 있다고 하자. 로켓 내부의 물체에는 모조리 뒤쪽으로 달랑베르의 힘이 작용한다. 로켓 속에 있는 사람에게는 뒷부분이 마룻바닥이고 앞부분이 천장이다. 로켓 내부에서 어떤 실험을 하더라도(역학이든 열역학이든 또는 빛이나 전자기학의 실험에서도) 지구 표면에서 정지해 있는 실험실의 경우와 똑같은 결과일 것이다.

자연과학은 (그중 특히 물리학은) 자연계의 다양한 현상을 되도록 적은 원리로 설명해 가려는 시도라고 말할 수 있다. 몰다우강 주변을 산책하며 오른편 기슭 구시가의 가느다란 뒷골목을 거닐면서 아인슈타인은 '겉보기의 힘'과 실존하는 만유인력을 구별해서 생각하는 것이 무의미하다는 결론에 도달했다.

어떤 공간에 질량을 가진 물체(물체에는 질량이 따르기 마련이므로 일부러 일러둘 필요는 없을지 모르나)를 가져왔을 때, 그것에 작용하는 힘이 작용할 만한 공간을 "중력장(重力場)"이라고도 부른다. 마치 전기에 힘이 작용하는 공간을 전계(電界)라 하고 자석에 힘이 작용하는 공간을 자계(磁界)라고 부르는 것과 비슷하다.

다만 어떤 기구(機構)로 중력장이 형성되고 있는지 그 원인은 여기서는 묻지 않는다. 큰 질량(이를테면 지구나 태양) 주위는 중력장으로 되어 있다. 또는 가속이나 감속하고 있는 계의 속도 중력장이 된다. 그리고 중력의 방향은 어디서나 같은 것만은 아니다. 이를테면 실린더 모양의 방이 있고 중심을 축으로 하여 회전하고 있다고 하자. 내부의 물체는 원심력으로 주위의 벽쪽으로 끌어당겨진다. 원심력도 '겉보기의 힘'의 대표적인 것 중 하나이다. 이 경우에 중력은 방의 중심으로부터 주위로 향해서 방사 상태로 뻗어 있는 것이다.

질량에 작용하는 힘을 조사한다는 것은 결국 중력장의 연구가 된다. 공간의 어느 부분에서는 힘이 강하게 작용하고 어느 부분에서는 약하게 작용한다. 또 중력의 방향은 반드시 일정하지는 않으며(어떤 종류의 천체 부근에서는) 이상하게 비틀어져 있을지도 모른다.

그런데 만유인력과 '겉보기의 힘'이 같다는 사고방식을 "등가원리(等價原理: principle of equivalence)"라 부른다. 아인슈타인은 등가원리에 바탕으로 종래의 역학에 의한 사물의 관점을 크게 바꾸어 가는 것이다. 질량이라든가 힘이라든가 하는 지금까지의 사고방식을 집어던지고 중력장이라는 공간의 성질을 연구하게 된다. 역학을 기하학으로 바꿔 놓았다고 표현해도 될 것이다. 다만 이 기하학은 세로, 가로, 높이 외에 시간축을 포함하는 4차원의 공간 속에서 생각하지 않으면 안 된다. 곧은 공간 안에서의 기하학(유클리드기하학)은 알기 쉬우나 중력장은 처음부터 휘어져 있는 것을 전제로 하고 있다. 이 때문에 '휨'을 기술하는 복잡한 기호로 쓰인다.

프라하대학교 시절에 아인슈타인은 상대성이론을 일반화하려는 자신의 시도를 널리 알리기 위해 연구자와 학자들과 적극적으로 교류했다. 특히 1911년에 벨기에 브뤼셀(Brussel)에서 열린 국제 물리학회에서 그는 많은 지기(知己)를 얻었다.

이 회의는 암모니아-소다법의 발명으로 부를 축적한 화학자 에르네스트 솔베이(Ernest Solvay, 1838~1922년)의 초대로 열렸다. 여기서 아인슈타인은 막스 플랑크, 마리 퀴리를 비롯하여 독일의 물리화학자 발터 헤르만 네르스트(Walther Hermann Nernst, 1864~1941년), 영국의 실험물리학자이며 원자구조를 실험에 의해 확인한 러더퍼드(E. Rutherford,

1871~1937년), 네덜란드의 물리학자이며 전자론(電子論)의 개척자인 로런츠(H. A. Lorentz) 등 당대 최고의 과학자들과 직접 만나 교류하며 자신의 이론을 논의할 수 있었다.

11

프라하의 친구와 적

아인슈타인의 바이올린 연주회

프라하의 조용한 거리와 몰다우강 주변의 산책은 아인슈타인이 1905년에 발표한 상대성이론을 한층 더 보편적 학설로 발전시키는 데 안성맞춤인 환경이었다. 그는 이곳에서 관성력과 만유인력이 결국 같은 힘이라는 '등가원리'를 바탕으로 상대성이론을 일반화하는 방향으로 큰 발걸음을 내디뎠다.

프라하는 예로부터 아름다운 거리와 고적이 많은 명소로 잘 알려져 있다(제2차 세계대전으로 낡은 베를린이 붕괴된 이후, 옛 베를린의 모습을 보고 싶다면 프라하로 가보라는 말이 있을 정도다). 그러나 전통적인 거리만큼이나 주민들 사이에는 오랜 관습도 뿌리 깊게 남아 있다.

이를테면 신임자는 기존에 근무하던 선배들을 한 사람씩 찾아가 인사를 해야 한다는 관례가 있었다. 그러나 사교성이 부족하고 그런 형식적인 일들을 번거롭게 여긴 아인슈타인에게는 이러한 인습이 몹시 불편하고 거슬리는 것이었다. 결국 그는 인사를 생략하게 되었고, 이러한 일이 반복되자 유대인 물리학자에 대해 좋지 않은 감정을 품는 사람이 늘어나게 되었다.

아인슈타인의 사상에 반대하는 이들은 특히 사상가와 철학자들 사이에 많았던 것으로 보인다. 프라하대학교의 법철학자(法哲學者) 크라우스(O. Kraus, 1872~1942년) 등은 반대파의 선두에 섰으며, 상대성이론을 둘러싸고 자주 공개토론회를 열었다. 시간과 공간의 상대성을 주장하는 물리학자와 그것들의 절대성을 전제로 삼는 철학자의 사상은 서로 접점을 찾기 어려웠다. 토론은 언제나 평행선을 달릴 뿐이었다.

어느 날 토론회가 끝난 뒤 아인슈타인은 바이올린을 연주했다. 이날 한 청중은 이렇게 말했다.

"오늘 토론회에서 청중을 기쁘게 한 것은 마지막에 있었던 바이올린 연주뿐이었다."

프라하에서도 아인슈타인을 숭배하는 젊은 학도는 결코 적지 않았다. 체코의 이 고도(古都)에서 그와 이야기를 나누었던 저명한 학자도 두셋에 그치지 않는다. 그중 한 사람이 파울 에렌페스트(Paul Ehrenfest, 1880~1933년)였다.

빈에서·태어난 에렌페스트는 아인슈타인처럼 유대인이었으며, 청년 시절을 독일의 괴팅겐과 러시아의 페테르스부르크(Petersburg)에서 보냈다. 빈에서는 통계역학(統計力學)의 개척자 볼츠만(Ludwig Boltzmann, 1844~1906년)에게 배우고, 괴팅겐에서는 수학자 힐버트(David Hilbert, 1862~1943년)에게 사사했다.

그는 1907년, 페테르스부르크에서 연구하던 중 물리학 논문집

『Annalen der Physik』에 전자에 관한 이론을 발표했다. 수학자이자 물리학자였던 러시아인 아내 아파나세제바(Tatyana Afanassjewa)와 함께 많은 학생들의 존경을 받기도 했다. 이후 그는 자주 프라하를 방문했다. 그곳에서 에렌페스트와 아인슈타인 사이에는 활발한 토론이 이어졌다.

에렌페스트는 당시 물리학자로서는 드물게 통계역학, 상대성이론, 양자론 등 폭넓은 분야에서 연구를 확장해 나갔다. 아인슈타인이 프라하에 부임한 후, 그는 유대인을 배척하는 러시아를 떠나 네덜란드 레이던(Leiden)대학교에서 로런츠(제2회 노벨 물리학상 수상자)교수의 후임으로 자리를 옮겼다. 그곳에서 그는 1916년 단열불변(斷熱不變) 이론을 발표하며 양자역학(量子力學)의 개척자 중 한 사람으로 평가받게 되었다.

교육에 열성적이고 처신이 지극히 결백했던 에렌페스트는 오히려 그런 성격 탓이었는지 1933년 9월 25일 스스로 목숨을 끊었다. 열등감에 사로잡혀 자살했다는 게 정설로 전해진다. 그의 스승 볼츠만도 1906년 9월 5일에 베를린대학교를 비롯한 여러 기관으로부터 초빙을 받았음에도 스스로 생을 마감했다. 자살의 진정한 이유는 당사자가 아니고서는 결코 알 수 없는 일이다. '왜 이처럼 저명한 학자가 이런 선택을 했을까' 하는 생각이 들지만 자기 자신을 바라보는 눈은 사람마다 다를 수밖에 없다. "위대한 학자는 행복하다"는 일반적인 믿음이 얼마나 단편적인 생각인지를 다시금 일깨워 준다.

프라하 시절, 아인슈타인의 또 다른 친구로는 오토 슈테른(Otto

Stern, 1888~1969년)이 있다. 독일에서 태어나 베를린대학교에서 공부한 슈테른은 친구라기보다는 아인슈타인의 가르침을 받던 제자에 가까웠다고 할 수 있다. 당시 두 사람은 그 구조가 조금씩 밝혀지던 원자와 분자에 대해 밤새도록 토론을 이어갔다. 분자물리학에 깊은 흥미를 가진 두 사람은 모두 이미 세상을 떠난 볼츠만을 존경하고 있었다고 한다.

슈테른도 아인슈타인에 이어 프라하에서 취리히로 자리를 옮겼다. 그 후 그는 프랑크푸르트, 로스토크(Rostock), 함부르크(Hamburg) 등지에서 대학교수로 재직했고, 1933년 이후에는 카네기(Carnegie) 공과대학에서 교수로 일했다. 그는 발터 게를라흐(Walther Gerlach, 1889~1979년)와 함께 1922년에 자기장 속에서 원자의 성질을 조사하는 이른바 슈테른-게를라흐 실험을 발표했다. 이 실험은 후에 양자역학의 기초를 이루는 업적으로 평가받으며, 그는 1943년 노벨 물리학상을 수상했다. 한편 그는 제2차 세계대전 이후에도 장수를 누리며, 1969년 향년 81년세로 생을 마감했다.

다시 취리히로

아인슈타인 프라하대학교에 취임한 지 얼마 지나지 않아 몇몇 대학에서 초빙 제의를 받았다. 우리나라에서는 취직한 직후 다른 자리로 옮겨가는 일이 흔치 않지만, 유럽이나 미국에서는 유능한 인재에게 높은 보수를 제시하며 스카우트하는 것이 일반적이다. 그에게 관심을 보였던 대학 중 하나가, 훗날 에렌페스트가 부임하게 되는 네덜란드 레이던 대학교였다. 이곳에는 로런츠 외에도 −270° 부근에서 액체헬륨이 이상 상태를 보이며 전기저항이 제로가 되는 현상을 발견한 카메를링 오너스(Heike Kamerlingh Onnes, 1853~1926년)와 그 밖의 많은 과학자가 있었고, 이들은 아인슈타인에게 깊은 관심과 호의를 보였다.

또 하나 그에게 눈독을 들였던 곳은 아인슈타인이 프라하에 부임하기 전에 머물렀던 취리히의 연방 공과대학교(줄여서 ETH라 한다)였다. 이 자리는 그가 이전에 객원교수로 재직했던 취리히대학교보다 훨씬 더 높은 지위를 가진 자리였다. 연방 공과대학교의 정교수가 되기 위해서는 스위스 연방의회의 승인을 받아야 했는데, 당시 학부장이었던 대학 시절 친구 그로스만은 아인슈타인에게 끊임없이 복귀를 권유했다. 아인슈타인 역시 취리히 호수의 아름다운 풍경을 잊지 못하고 있었기에, 1912년 8월 마침내 프라하를 떠나 연방 공과대학교의 정교수로 취임하게 되었다.

취임 직후 아인슈타인의 강의는 일주일에 해석역학 3시간, 열역학 2시간, 물리학 연습 2시간으로 구성되어 있었다. 충분한 보수를 받으며 생활이 안정된 아인슈타인은 다시 물리학의 본질에 대해 깊이 탐구할 여유를 갖게 되었다. 이 시기 그의 주요 대화 상대 중 한 사람은 자석 연구로 유명한 바이스(Pierre Weiss, 1865~1940년)였다. 바이스는 프랑스계 물리학자로 피에르 퀴리(Pierre Curie, 1859~1906년)와 더불어 자석의 성질이 온도에 따라 어떻게 변화하는지를 설명하는 퀴리-바이스의 법칙을 제창한 인물로 유명하다. 그는 얼마 뒤 알자스(Alsace)의 스트라스부르(Strasbourg)대학교로 자리를 옮겼다(제1차 세계대전 후 이곳은 프랑스령이 되었다). 연방 공과대학교 시절에는 "분자의 연구"라는 주제를 놓고 두 사람이 자주 이야기를 나누었다고 한다.

완성 임박한 일반상대성이론

그러나 무엇보다도 아인슈타인의 최대 관심사는 상대성이론의 확장이었다. 그는 뉴턴 역학에서처럼 힘과 질량으로 설명하는 방식을 벗어나, 공간의 성질, 즉 '중력장'으로 모든 현상을 기술하려는 시도를 지속적으로 이어갔다. 이 이론은 점차 완성을 향해 한 걸음씩 나아가고 있었다.

지구 위에는 중력장이 존재하며, 태양의 표면 근처에는 이보다 훨씬 더 강한 중력장이 형성되어 있다. 이들 중력장의 방향은 천체의 중심 방향을 향한 방사상(放射狀)으로 되어 있다. 여기까지는 전기장이나 자기장과 유사하게 이해할 수 있지만, 이를테면 우주 공간에서 "가속하고 있는" 로켓의 내부도 중력장으로 간주될 수 있다. 이처럼 다양한 상황을 중력장이라는 하나의 일관된 기술 방법으로 통일할 수 있다는 점이 아인슈타인 이론이 지닌 혁신성이었다.

예를 들어 엘리베이터를 탄 상황을 생각해 보자. 멈춰 있거나 등속으로 상하 운동을 할 때는 지구에 원인하는 중력장이 그대로 엘리베이터 내부의 중력장이 되고 그 값은 아래쪽으로 매초 9.8m(이것이 1G)이다.

엘리베이터가 위쪽으로 매초 9.8m로 가속하면 어떻게 될까? 엘리베이터 안은 지구에 의한 1G와 가속에 의한 1G가 합산되어 2G가 된다. 바꿔 말하면 엘리베이터 내부의 공간 성질이 바뀌어 2G라는 장이 되는 것으로 생각하는 것이다. 무게가 60kg인 사람은 특수 공간에서는 120kg이 된다.

반대로 엘리베이터가 아래쪽으로 매초 9.8m로 가속하면 어떻게 될까? 지구에 의한 것과 가속에 의한 것이 상쇄해 중력장 제로라는 공간이 된다. 거기는 질량은 있어도 무게가 없는 세계다. 벽이나 마룻바닥에 고정되어 있지 않는 것은 허공에 떠 버린다.

인공위성은 원(타원인 일도 있다) 궤도를 그리며 지구 주위를 돌고 있는데 이것은 늘 지구의 중심 방향으로 가속되고 있는 것이다. 쉽게 말하면 늘 지구로 낙하하고 있는 것이다. 다만 수평속도가 너무 크기 때문에(지표의 한계선을 도는 것이라도 초속 7.9km) 그리고 지구가 둥글기 때문에 떨어져도 떨어져도 앞으로 기울어질 뿐 지표에는 도달하지 않는다. 위성(衛星) 내부에서는 지구에 의한 중력과 원심력에 의한 중력이 상쇄해서 '무중량'의 장이 된다.

내부에서는 인간이 두둥실 허공을 움직여 가고 대류(對流)가 일어나지 않으므로 불길이 금방 소멸되고, 액체는 표면장력(表面張力) 때문에 지구 주위를 도는 인공위성은 사실상 끊임없이 지구로 떨어지고 있는 상태에 있다. 따라서 위성 내부는 무중력 상태가 된다.

동그란 구슬이 된다.

    그러나 이와 같은 역학계(力學系)의 현상은 상대성이론의 일반화를 위한 아주 작은 예비지식에 불과하다. 역학계로부터 힘과 질량을 제거하면 뒤에 남은 것은 공간과 시간뿐인데, 가속계(또는 중력계)의 역학에서는 1905년의 등속계(等屬系)의 경우와 달리 공간과 시간의 휨을 생각하지 않으면 안 된다.

    민코프스키 공간은 일반적으로 직선적인 4차원의 시공간을 의미한다. 그러나 질량이 큰(바꿔 말하면 중력장이 큰) 천체 주변에서는 이러한 민코프스키 공간을 넘어 시공간의 '휨' 자체에 주목해야 한다. 그렇다면 공간과 시간이 휜다는 것은 과연 무엇을 의미하는가? 프라하에서 취리히로 돌아온 아인슈타인은 이것을 추구해 나갔다.

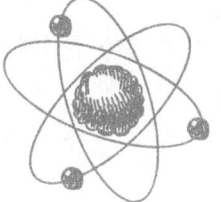

12

제1차 세계대전과 일반상대성이론

과학아카데미

아인슈타인의 두 번째의 취리히 체제는 길지 않았다. 그의 광양자론의 선구가 된 플랑크가 이 천재 물리학자를 베를린으로 불러들이기로 생각한 것이다. 영국이나 프랑스에 비해 국가 통일에 뒤처진 독일제국이었으나, 당시 독일의 신흥 상태는 눈부신 바가 있었다. 학문, 예술, 여러 공업의 모든 면에서 그리고 군비 면에서도 영국과 프랑스를 따라붙자, 추월하자는 기백에 넘쳤고 그 중심도시가 베를린이었다.

1913년 여름, 플랑크와 열역학의 연구로 유명한 네른스트는 취리히로 여행하여 아인슈타인의 의향을 타진했다. 아인슈타인은 유년과 소년 시절을 보낸 독일에 대해 좋은 감정이 있지는 않았으나 내방자가 제시한 조건은 극히 매력적이었다. 즉 연구 시간은 충분히 제공되며 보수도 만족할 만했고, 더욱이 지지난해 세상을 떠난 화학자 반트호프(J. H. vant Hoff, 1852~1911년)의 빈자리를 메우기 위해 러시아 과학아카데미 회원으로 임명한다는 것이었다.

베를린은 문화의 중심이며 그것에 비하면 취리히는 한 시골에 지나지 않는다. 이만저만한 나름의 생각은 있었겠지만 결국 그는 베를린으로 가기로 마음먹었다. 베를린의 플랑크, 네른스트 그리고 열복사(熱輻射)와 스펙트럼의 연구로 알려진 루벤스(H. Rubens, 1865~1922년)와 생화학과 광화학의 연구자 바르부르크(Emil Gabriel Warburg, 1846~1931년)들은 기꺼이 프로이센 문교부장관 앞으로 아인슈타인을 초빙하는 청원서를 작성했다.

이해 가을, 아인슈타인을 과학아카데미의 수학과 물리학 부분 정회원으로 임명한다는 인가가 독일 황제에게서 내려와 그는 베를린으로 옮겨가게 된다. 황제 폐하의 인가란 결국 한갓 권위주의에 지나지 않는 것이지만 그런 만큼 과학아카데미 회원에는 뛰어난 인물이 많았을 것이다.

전쟁과 과학자

1913년 말에 아인슈타인은 정든 스위스를 떠났다. 이후에도 강연 등의 이유로 취리히를 자주 방문하긴 했지만, 스위스에서의 생활은 이때로 끝이 났다. 그의 나이 34세였다.

그가 새로 소속된 과학아카데미 회원은 대학에서 강의를 하기도 했지만, 강의는 반드시 의무사항은 아니었다. 그는 혼자 조용히 연구에 몰두하거나 때로는 동료들과 세미나를 열어 물리학 문제를 토론하곤 했다.

그런데 그가 베를린으로 옮긴 지 얼마 지나지 않은 1914년 6월 28일, 사라예보(Sarajevo)에서 울려 퍼진 한 발의 총성을 계기로 유럽 전역은 전쟁에 휘말리게 되었다. 1918년 말까지 독일과 오스트리아-헝가리 제국은 세계 여러 나라를 상대로 전쟁을 치르다 결국 패전을 맞이한다. 아인슈타인의 일반상대성이론은 제1차 세계대전 격전 중에 발표된 셈이었다. 그런데 과연 이런 시기에 과학적 연구와 업적 발표가 가능했을까?

제1차 세계대전 중 학자들의 연구 활동이 실제로 어떤 상태였는지를 보여주는 뚜렷한 자료는 많지 않다. 그러나 적어도 전선에서 멀리 떨어진 국내 상황은 제2차 세계대전 당시 패전국이었던 독일이나 일본에서의 상황과는 분명히 다른 양상을 보였다.

이 시기에도 이미 군용 비행기가 활약하고 있었으나 항속거리가 짧았으므로 주로 전선 근처의 적군 군사시설을 공격하거나, 전투기 간의 공중전이 중심이었다. 적국의 내륙 깊숙이 침공하는 일은 드물었다. 비행선을 사용해 적국의 도시를 폭격하는 경우도 있었지만, 이는 제2차 세계대전 당시의 대규모 폭격에 비하면 아주 사소한 수준이었다. 제1차 세계대전에서는 전선의 상황과는 달리 국내에서는 아직도 여유가 있었고 물자의 부족 등을 제외하면 일상생활은 어느 정도 평온하게 유지될 수 있었다.

군사적 연구는 제외하고 순수한 학문은 중립국인 스위스, 스웨덴 또는 대전 초기의 미국 등을 경유해 교전국 사이에도 자주 소개되었다. 아인슈타인이 두 번째 상대성이론을 발표한 것도 바로 이러한 시기였다. 당시 독일군과 프랑스군이 베르됭(Verdun) 요새의 공방전으로 사투를 펼치고 있을 때였다. 1915년에서 1916년에 걸쳐 발표된 이 이론은 가속계와 중력장을 포괄하는 보다 일반적인 이론이었기 때문에 '일반상대성이론'이라 불리게 되었고, 이에 따라 1905년에 발표된 등속도운동만을 다룬 이론은 구별을 위해 '특수상대성이론'이라고 고쳐 부르게 되었다.

빛도 휜다

일반상대성이론은 앞서 말했듯이 힘이나 질량을 직접 생각하는 대신에 중력장이라는 시공(정확하게는 시간까지 포함한 4차원 시공간)의 성질을 연구하는 학문이라고 할 수 있다. 쉽게 말하면 역학을 기하학으로 바꿔놓은 이론이라고 할 수 있다. 이 4차원 시공간은 이를테면, 우주에 질량이 전혀 존재하지 않는다면, 곧게 뻗어 무한히 퍼져 있는 상태로 존재할 것이다. 그러나 실제 우주 공간에는 갖가지 천체가 존재하기 때문에 이 시공간은 그러한 질량에 의해 휘어지게 된다.

4차원이라는 사항조차도 알기 어려운(알기 어렵기는커녕 상상조차도 안 되는)데도 그것이 휘어져 있다는 것은 도대체 무엇을 말하는 걸까? 감각적으로 이해하려 해도, 그것은 거의 불가능에 가깝다. 어떤 뛰어난 학자라도 4차원의 공간이나 그 공간이 휘어진 상태를 실제로 모형으로 만들거나 머릿속에 명확히 그려내는 것은 불가능하다.

하지만 다행히도, 수학이라는 학문은 인간의 상상을 뛰어넘어 이러한 미지의 세계를 표현해 나갈 수 있다. 가장 간단한 예를 들어 보자. 제곱을 하면 마이너스 1이 될 만한 수는 어디에도 존재할 수 없지만, 수학에서는 이를 '허수 단위' i로 나타내고, 하나의 수로 받아들인다. 한 변의 길이가 L인 정육면체의 체적이 L^3이라는 것은 누구나 인정하는데, 이를테면 한 변이 L인 7차원 정육면체(이럴 때에는 초정육면체라는 말을 쓴다)의 체적(이것도 초체적이라 부르는 편이 낫겠다)은 간단히 L^7이라고 하면 된다.

요컨대 이것이 수학의 힘이다. 일반상대성이론도 이러한 형식적인 수식을 사용해 표현된다. 또 물리적 공간의 휘어짐을 조금이라도 이해하기 위해서는 "빛은 휜다"는 전제를 받아들여야 한다. 어떤 경우에도 "빛은 직진한다"고 가정한다면, 공간이 휘어졌다는 결론에 도달할 수 없으며, 일반상대성이론 자체가 무의미한 이론이 되어 버린다.

지금까지의 통념에 따르면, 빛은 어떤 방식으로 측정하든 항상 같은 속도로 직선 경로를 따라 이동한다고 여겨져 왔다. 이 가정을 바탕으로 특수상대성이론이 완성되었다. 그런데도 이제 와서 빛이 휜다고 말하는 것은 도대체 무슨 뜻일까?

물론 빛은 공기에서 물이나 유리 같은 물질 속으로 들어갈 때 굴절한다. 그러나 상대성이론에서 문제 삼는 것은 진공 속을 달리는 빛이며, 물질 속을 지나는 경우는 제외된다. 예를 들어 이해를 돕기 위해 빛이 느릿느릿하게 달리는 것이라고 가정해 보자. 빛은 로켓의 왼쪽 창문에서 들어와 로켓의 진행 방향과 수직으로 달려가서 오른쪽 벽에 도달한다. 로켓이 아무리 빠르게 달려가더라도 등속이라면 로켓의 내부를 똑바로 횡단하는 것이다. 로켓이 빠르면 빛은 공간에 처져서 결국은 뒷부분으로 향한다는 따위로 생각해서는 안 된다. 로켓이 다시 말해서 관측자가 아무리 빠르게 달려가더라도 "등속이기만 하며" 빛은 곧은 것이다. 이것 자체가 예상 밖의 일이며 이 예상 밖의 사항 때문에 특수상대성이론이 만들어지고 공간과 시간의 단축이 일어난다.

그런데 로켓의 속도가 변화하면 상황은 전혀 달라진다. 처음에는 로켓의 속도가 느려서, 빛은 가로 방향으로 곧게 횡단하려고 한다. 그러나 로켓의 속도가 점점 빨라지면, 가로로 직진하려던 빛은 상대적으로 뒤로 처지는 형태가 되어 다소 뒤쪽으로 방향을 틀게 된다. 로켓이 더욱 빨라지면, 빛은 여전히 가로 방향으로 진행하지만 동시에 로켓의 후방을 향하게 된다. 만약 로켓이 등가속 운동을 하고 있다면, 처음에 가로 방향으로 출발한 빛은 점차 뒤쪽으로 휘어져 결국 포물선 경로를 그리게 된다. 즉, 가속계 내부에서는 빛이 휘어진다.

가속계의 내부와 중력장이 똑같다는 것은 앞에서 말했다. 큰 질량(이를테면 전체) 위에서 후방을 지면에 대고 정지해 있는 로켓은 우주 공간에서 가속하고 있을 경우와 아무 변화가 없다는 것이 되면 "중력장 때문에 빛이 휘어진다"고 생각해도 상관없다.

빛이 휘어진다면 왜 공간이 휘어졌다고 말할 수 있는 걸까? 공간이 휘어졌다는 말이 도대체 무엇을 의미하는지는 다소 복잡한 문제이므로 뒤로 미루고, 우선 중요한 점은 빛이 정말로 휘어지느냐는 것이 일반상대성이론의 초점이다. 이론 자체는 매우 정연하고 모순이 없는 구조를 갖추고 있다. 그러나 현실과 일치하지 않는다면, 아무리 아름다운 이론이라 해도 탁상공론에 불과하다.

실제로 빛의 휨을 측정할 수 있을까? 지구와 같은 작은 천체에서는 중력도 약해서 도저히 빛의 휨은 측정할 수가 없다.

그러나 태양처럼 거대한 천체가 되면, 표면에서의 중력이 강해져 그 근처를 통과하는 빛은 근소하긴 하지만 굴절하게 된다. 그 각도는 약 1~2초에 불과하지만, 정밀한 측정 장비를 사용하면 이를 측정할 수 있다. 태양 표면 근처를 통과하는 빛을 조사하는 데는 태양 뒤쪽에 있는 별의 위치를 조사하는 이외에는 방법이 없다. 그런데 태양 뒤쪽의 별은 태양의 강한 빛에 가려 도저히 관측할 수 없다. 이것은 곤란하다. 어떻게 하면 좋을까?

해결 방법은 일식을 이용하는 것이다. 달이 태양을 가려 태양광이 차단되는 순간, 태양 뒤에 있는 별들의 위치가 보이게 된다. 이때 이 항성이 평소의 위치(태양과 떨어져 있을 때의 위치)와 다르면 빛이 휘어졌다는 증거가 되는 것이다.

영국의 천문학자 아서 스탠리 에딩턴(Arthur Stanley Eddington, 1882~1944년)은 제1차 세계대전 직후인 1919년에 탐험대를 편성해 아프리카로 건너가 일식 때에 별의 위치를 정밀하게 조사했다. 그 결과

빛의 휨을 측정할 수 있게 된 최초의 광경은 아프리카에서였다. 에딩턴은 일식 때 별의 위치를 정밀하게 조사해 보았고, 그 결과 태양 뒤쪽 별의 위치가 태양의 중력 때문에 약간 처져 보였다.

여러 차례의 측정에서 별의 방향이 평소보다 1.62초에서 1.95초 정도 차이가 나는 것을 확인했다.

에딩턴의 관측 결과는 일반상대성이론을 지지하는 중요한 증거가 되었을 뿐 아니라, 전 세계 과학자들이 전쟁 같은 격변 속에서도 아인슈타인의 이론에 얼마나 깊은 관심을 쏟고 있었는지를 보여주는 사례이기도 했다.

13

휘어진 공간의 불가사의

면의 휘어짐을 어떻게 나타낼까?

 아인슈타인이 1915년부터 1916년에 걸쳐 발표한 일반상대성이론이란 (약간 단락적 표현일지도 모르나) 4차원 시공간의 '휘어짐'을 연구하는 학문이라고 할 수 있다. 그렇다면 시공간이 휘어졌다는 말은 과연 무엇을 의미할까? 여기서 다시 한번 '휘어진다'는 게 무엇을 뜻하는지 생각해 보자.
 사람이 감각적으로 휘어짐을 이해할 수 있는 것은 1차원(선)과 2차원(면)의 경우뿐이다. 종이에 그려진 선이 곧은지 휘어졌는지는 눈으로 쉽게 알아볼 수 있다. 자를 대 보면 정확하게 알 수 있고, 종이의 가장자리 선과 얼핏 비교해 보는 것만으로 판단할 수 있다. 즉 직선(자나 종이의 가장자리 등)이 전제조건으로서 존재하고 이것과 비교를 함으로써 직선과 얼마만큼 달라져 있는지에 따라 선의 휘어짐을 판단하게 되는 것이다.
 또 넓은 들을 달리고 있는 외길이나 철도선로 등을 비행기를 타고 상공에서 내려다볼 때는 그것이 곧은지 약간 휘어졌는지를 구분하기 어려운 경우가 있다. 오히려 지상에서 도로와 선로 한가운데에 서서 멀리 바라보면, 그것이 먼 곳까지 곧게 뻗어 있는지 아닌지를 정확히 알 수 있다.

결국은 아무리 먼 곳에서 오는 빛이라도 반드시 직선으로 이동해 눈에 들어온다는 물리적 현상을 바탕으로 우리는 사물의 직선 여부를 판단하게 된다. 따라서 신기루나 아지랑이처럼 빛이 굴절되어 휘어질 경우, 이 판별법은 쓸모가 없어진다.

그렇다면 선이 휘어져 있을 때, 그 '휘어짐의 정도'는 어떻게 표현할 수 있을까? 휘어진 선도 아주 짧은 구간(정확히 말해 무한히 작은 길이의 범

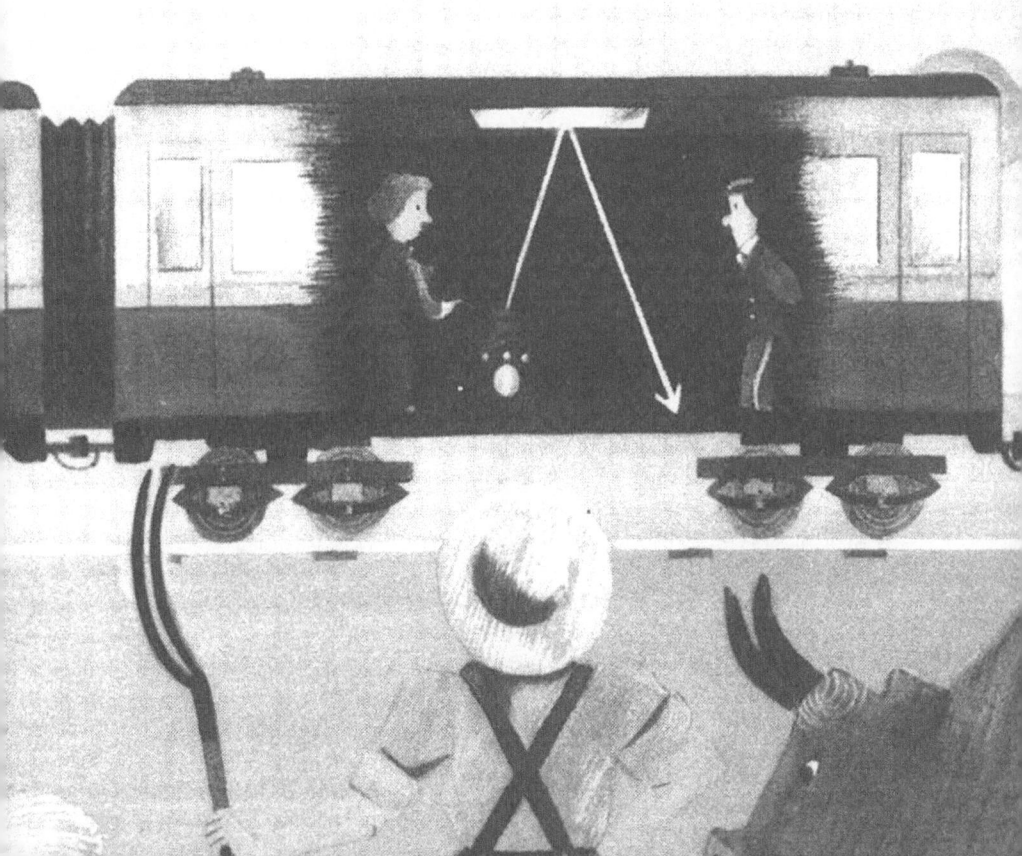

주로 한정하면) 이것은 원둘레의 일부, 즉 원호(円弧)라고 간주할 수 있다. 그리고 원호라면 그 원의 반지름(이것을 곡률반경=曲律半徑이라 부른다)으로 곡률을 표현하면 된다. 반지름 1,000m의 곡선보다도 500m인 곡선이 더 '급하게' 휘어졌다고 볼 수 있다.

실제로는 이처럼 '구부러짐의 기하학'에서는 반지름의 역수를 사용해 휘어짐의 정도를 표현하는 일이 많다. 반지름 500m 대신 0.002라는 값을 사용하며, 이것을 곡률이라고 한다. 곡률 값이 클수록 급하게 휘어져 있음을 의미한다. 만약 선에 방향성이 있는 경우, 진행 방향

등속도로 달리는 열차 안에서 마룻바닥으로부터 바로 위로 빛을 방출한다. 빛은 천장의 거울에서 반사되어 다시 마룻바닥으로 돌아온다고 하자. 열차 바깥에 서 있는 사람에게는 이등변삼각형의 두 빗변에 따라가는 빛살이 보일 것이다.

을 기준으로 왼쪽이 안쪽이 되는 곡선은 플러스, 오른쪽이 안쪽이 되는 곡선은 마이너스 등의 부호를 생각해 주면 된다. 요컨대 선의 휘어짐은 하나의 수치(때에 따라서는 부호를 포함해)로 표현할 수 있다.

그렇다면 면의 휘어짐은 어떻게 표현해야 할까? 예를 들어 지붕처럼 경사가 있기는 하지만 전체적으로는 크게 휘어져 있지는 않은 경우가 있다. 그런데 만약 이 지붕이 양철지붕이고, 태풍이 지나간 뒤 지붕 전체가 구부러져 복잡한 형태가 되었다고 해보자. 평평한 대지와 비교해 보면 지붕이 휘어졌다는 사실은 금방 알 수 있다. 이처럼 면의 휘어짐은, 이를테면 동서 방향으로 어느 정도 휘어졌는지, 남북 방향으로는 얼마만 한 곡률로 휘어졌는지 등 두 개의 값으로 표현할 수 있다. 면은 선보다 구조가 복잡하므로 그 휘어짐을 정확하게 표현하려면 더 많은 수치가 필요하다. 즉, 면의 휘어짐은 선의 경우보다 복잡하고 정교한 방식으로 기술해야 한다.

3차원(보통의 공간)이나 4차원의 초공간의 휘어짐은 감각적으로는 도저히 상상할 수 없는 개념이다. 그러나 추상적 사고에 강한 수학자들은 오래전부터 이러한 다차원 공간(多次元空間)에 대해 연구해 왔다.

물론 그 연구는 어디까지나 순수 수학 이론의 하나였고, 훗날 실제 공간이 휘어져 있으며 그것이 물리학자에 의해 제창될 것이라고는 전혀 예상하지 못했을 것이다. 아인슈타인은 이러한 수학자들의 연구 결과를 응용하게 된다. 그리고 같은 시대의 수학자들도 일반상대성이론에 큰 관심을 보이며, 아인슈타인에게 다양한 조언을 아끼지 않았다.

2차원 공간 주민들의 이야기

　아인슈타인은 베른에서 특수상대성이론을 제창했고, 프라하에서는 그 일반화를 구상했으며, 취리히에서는 일반화를 위한 수식을 정리하는 일에 몰두했다. 그리고 베를린에서 마침내 이를 완성해 일반상대성이론이라는 이름으로 세상에 나오게 되었다. 큰 질량이 있거나 강한 가속계 속에서는 공간(정확하게는 시공간)은 휘어진다. 그 휘어짐의 상태는 수학자들이 고안한 특수기호와 수식을 통해 표현된다. 물론 이러한 형식론은 수학적으로는 이해가 되지만, 좀 더 현실적 문제로 설명되지 않으면 충분히 납득되기 어렵다.

　아인슈타인은 결코 수학 그 자체를 연구한 것이 아니다. 그는 물리학자로서, 즉 현실의 자연계가 어떻게 구성되어 있는지를 정확하게 설명하려고 했던 것이다. 여러 번 '구부러짐의 기하학'이라고 말했으나 1차원, 2차원의 휘어짐은 직관적으로 이해할 수 있다 하더라도, 3차원 공간이 휘어진다는 말은 현실 세계에서 도대체 어떤 의미일까? 이것을 알지 못하면(수식적으로는 이해가 되더라도 일반적인 윤곽만이라도 어느 정도 납득할 수가 있지 않으면) 아무것도 아니다.

　3차원 공간의 휘어짐은 직관적으로 이해하기 힘들기 때문에 이를 2차원(면)으로 고쳐서 생각해 보자. 휘어지지 않은 2차원 공간이란 평면을 의미한다. 휘어진 쪽의 대표적인 것으로서 구면(球面)을 들 수 있다. 보통은 구면이 휘어져 있다는 것은 금방 판단할 수 있다(지구와 같은 큰 것에서는 간접적인 방법으로 구하는 것을 알 수 있다). 이것은 어디까지나 우리가 3차원 공간의 주민이기 때문에 그보다 낮은 차원(면이나 선)의 휨을 알 수 있는 것이다.

예를 들어 이 세상에 3차원 공간이 존재하지 않고 세계가 2차원으로서 구성되어 있다고 한다면 그곳의 주민인 우리가 살고 있는 면이 평면인지 아니면 곡면인지 판단할 수 있을까? 이것이 문제다.

같은 반지름의 원이라도 면적은 다르다

먼저 결론부터 말하면 2차원 공간의 주민도 자기 세계가 곧은지 휘어져 있는지 판단할 수 있다. 이를 알려면 다음과 같이 하면 된다.

면 위에 두 개의 평행선 A와 B를 그려본다. 당연히 A 위의 한 점에서 B에 수직선을 그었을 때, 그 수직선의 길이(즉 A와 B의 간격)는 일정하게 유지된다. A와 B를 양쪽 방향으로 계속해서 곧게 연장해 본다. 처음 측정한 두 선간의 간격은 측정 지점보다 훨씬 떨어진 곳에서 다시 간격을 재더라도 길이는 같고, 더 먼 곳에서 재삼 측정하더라도 간격이 같다고 한다면 A와 B는 영원히 평행이라고 생각해도 될 것이다. 최초의 평행선이 어디까지 가도 평행선이라면 그 선이 그려져 있는 면은 평면, 즉 휘어짐이 없다.

그런데 구면처럼 휘어진 면에서는 앞서 설명한 방식으로 선을 그리더라도 처음엔 평행했던 것처럼 보였던 두 선이 평행이 아니게 되어 버린다. 이를테면 동경 139도의 자오선과 140도의 자오선을 생각해 보자. 이 두 자오선은 적도를 가로지르는 지점에서는 평행하게 보인다. 왜냐하면 모든 자오선은 적도에 대해 직각을 이루기 때문이다(이 두 개만이 특별한 것이 아니라 지구 위의 모든 자오선은 적도 부근에서 평행이다).

자오선(子午線)은 남북 방향으로 곧게 뻗어 있는 선이다. 그렇다면 동경 139도와 140도 선은 영구히 같은 간격을 유지할까? 그렇지 않다. 이 두 자오선 사이의 간격은 적도 부근에서는 110km, 일본 도쿄 부근에서는 92km, 그리고 북극에서는 결국 서로 교차하게 된다. 평행이어야 할 두 선이 이처럼 묘한 결과로 되어 버린다. 이것은 곧 그 선을 긋는 토대, 즉 지구가 휘어져 있음을 의미한다.

당연히 휘어진 공간에서는 기하학의 법칙도 평면기하학과 달라진다. 예를 들어 삼각형 내각의 합이 두 직각(180도)이라는 성질은 어디까지나 평면 위에서만 성립한다. 지구 위에서 한 점을 북극, 나머지 두 점을 적도 위에 놓고 삼각형을 만들면, 이 세 점에서 이루어지는 삼각형 내각의 합은 두 직각보다도 커진다는 것은 금방 이해될 것이다. 적도 위 점의 내각이 어느 쪽이나 90도이므로 북극점에서 이루어지는 내각의 몫만큼 삼각형 내각의 합이 증가하게 되는 것이다.

평면 위의 기하학은 그리스시대에 유클리드(Euclid, 기원전 300년경)에 의해 연구되었다. 현재까지도 보통의 기하학은 유클리드의 이론을 바탕으로 하고 있으며, 뉴턴 역학(상대성이론이 나오기 이전의 역학)도 유클리드 공간 안에서의(바꿔 말하면 휘어짐이 없는 3차원 공간 안에서의) 운동과 힘을 생각하고 기술하는 것이다. 그런데 아인슈타인의 학설은 그 근저가 되는 공간을 비(非)유클리드기하학의 공간으로 바꾸었다.

비유클리드기하학은 17세기 초에 니콜라이 로바체프스키(Nikolai Ivanovich Lobachevsky, 1793~1856년)와 야노시 보여이(János Bolyai, 1802~1860년)이다. 아인슈타인보다 반세기쯤 일찍, 독일의 하노버(Hannover)에서 태어난 수학자들은 처음에는 아버지의 권고로 괴팅겐대학교에서 언어학(言語學)과 신학을 수학하고 여가에 수학을 즐겼다. 이윽고 취미가 본직이 되어 유명한 수학자 가우스(Carl Friedrich Gauss, 1777~1855년)에서 사사했다. 한 번은 베를린에 유학을 했으나 다시 괴팅겐으로 돌아와 전자기학으로 유명한 베버(W. E. Webber, 1804~1891년)에게 물리학을 배웠다. 리만공간, 리만적분 등 이 수학자의 이름으로써 불리는 사항이 많다. 때로는 비유클리드기하학을 가리켜 일반적으로 리만 기하학이라 부르기도 한다.

그런데 평면과 곡면의 차이는 그 면에 원을 그려보면 이해하기 쉽다. 평면 위에서 원둘레의 길이는 원주율과 지름을 곱한 것이며, 원의 면적은 원주율과 반지름의 제곱을 곱한 것이 된다. 그런데 구면 위의 원은(반지름은 물론 구의 표현을 따라가면 잰다) 원둘레도 원의 면적도 평면에서의 공식보다 작아져 있다.

또 고개와 같이 이를테면 남북 방향에 대해서는 최소, 동서 방향에 대해서는 극도로 되어 있는 것과 같은 복잡하게 휘어진 방법의 곡면에서는 고개의 점을 중심으로 하여 원을 그렸을 경우, 원둘레도 원의 면적도 평면에서의 공식보다는 커지고 있다.

이상은 휘어진 면의 성질 중 가장 알기 쉬운 예의 하나이지만, 리만은 면(2차원)뿐만 아니라 다차원 공간의 휘어짐도 연구했다. 다차원 공간이니 휘어진 공간의 3차원 공간이니 하는 것은 어디까지나 수학자의 머릿속에만 있는 추상적인 모습이다. 그것을 수식으로 나타내 이론을 발전시켜 가는 것이 수학자의 목적으로 되어 있다.

그러나 리만이 죽은 지 13년 후에 같은 독일에서 태어난 아인슈타인이 현실의 우주 공간이나 시간이 리만의 연구한 것과 같은 비유클리드적인 구조로 되어 있다는 것을 제창한 것이다.

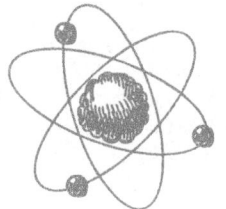

14

밀레바, 엘자 그리고 고독

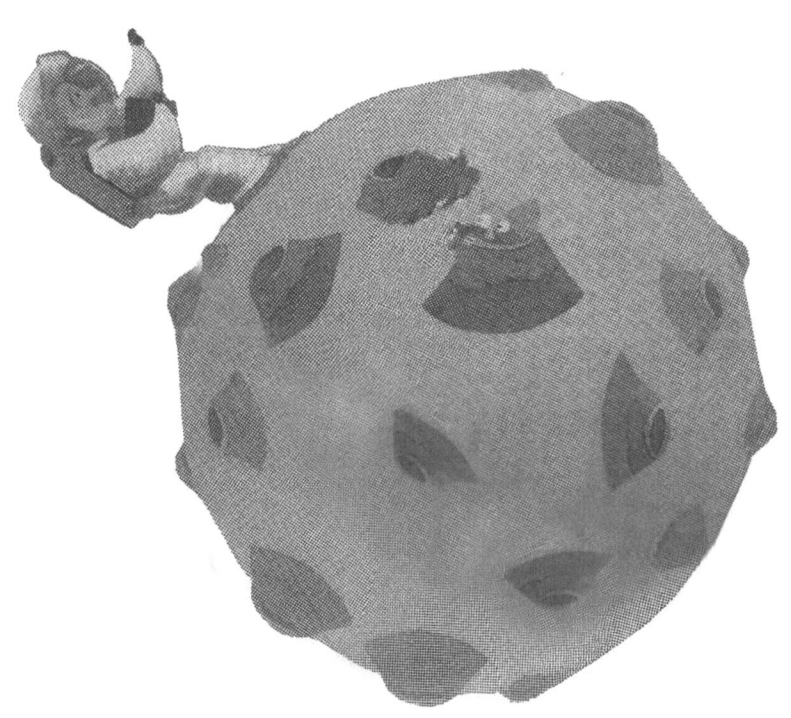

구면 위의 직선?

아인슈타인의 일반 상대성이론은 휘어진 공간을 다룬다. 휘어진 공간이란 그 공간 속에서 두 가닥의 평행선이 있을 때, 그것들을 계속 연장해 나가면 어느 순간 평행이 아니게 되는 매우 기묘한 개념이다.

물론 이러한 개념은 3차원 공간에서도 적용된다. 하지만 여기서 새로운 의문이 생긴다. 선을 곧게 연장한다는 것은 과연 어떤 방법으로 공간 위에 선을 그린다는 의미일까? 이때 말하는 '곧게'란 대체 무엇을 기준으로 정하는 걸까?

곧게 또는 직선이라는 개념을 좀 더 깊이 들여다보자. 이야기를 쉽게 풀기 위해 다시 구면을 예로 들어보자. 구면 위의 두 점 A와 B를 잇는(광의의) 직선이란, 두 점을 연결하는 가장 짧은 선을 말한다. 적도는 (한 바퀴를 돌고 나면 다시 원래 위치로 돌아오지만) 광의의 의미에서는 직선이다. 또 경도선(자오선)도 직선으로 간주된다. 즉 구면에서는 큰 원(大圓)만이 직선이고 그 외의 곡선은 직선이 아니다. 여기서 구의 큰 원이란 구의 중심(구면에는 중심이 없다. 구를 3차원으로 보았을 경우의 체적의 중심

일본 요코하마에서 샌프란시스코로 가는 항로는
메르카토르식 세계지도에서는 북쪽으로 크게
휘어 있는 것처럼 보인다.
그러나 실제로는 이 선이 최단거리이다.

이다)을 통과하는 평면이 구면과 교차하여 형성하는 원을 말한다. 따라서 적도 이외의 위도선은 이런 의미에서는 직선이 아니다.

메르카토르(Mercator)식 세계지도에서는 일본의 요코하마에서 미국의 샌프란시스코로의 항로가 지도 상으로는 위쪽으로 크게 휘어져 있는 것처럼 보인다. 얼핏 보면 먼 길을 돌아 우회하는 듯하지만 실제로는 그 선이 최단거리(즉 직선)로 되어 있다. 이는 반대로 말하자면, 적도를 제외한 위도선을 따라 이동하는 길은 결코 최단거리가 아니라는 의미이기도 하다. 이를테면 북위 30도선과 40도선은 지도로 보면 평행선처럼 보이지만 실제로는 그렇지 않다.

확실히 두 선의 간격은 어디서나 일정하게 유지된다. 그러나 두 선은 모두 직선이 아니다. 더욱이 적도에 가까운 30도 선보다 북쪽에 가까운 40도선 쪽이 "보다 심하게" 휘어지고 있다는 것이 된다.

구면 위의 큰 원을 직선이라 부르는 데 약간의 저항감이 있을 수도 있다. 넓은 의미에서 직선으로 이해해도 무방하지만 용어의 통일을 위해 앞으로는 이를 측지선(測地線)이라고 부르기로 한다.

그러면 이제 3차원 공간을 생각해 보기로 하자. 공간 속의 A점과 B점을 잇는 직선(즉 측지선)은 둘을 잇는 최단거리의 선이라고 규정할 수 있었다. 규정은 했지만 어떤 방법으로 최단 거리를 찾아낼 수 있을까? 곡면 위라면 줄자나 실을 이용해 측지선을 찾는 것이 가능하다. 이를테면 구나 타원체처럼 볼록한 면(오목한 곳이 없는 면)이라면 A점과 B점 사이에 실을 걸고 양쪽 끝을 강하게 잡아당기면, 실은 가능한 한 짧아지려 하므로 마찰이 충분히 작다면 그 실이 따라가는 경로가 측지선이 된다. 하지만 3차원 공간, 더욱이 우주처럼 광대한 공간에서는 그런 식으로 실을 걸어 직접 측정하는 방법은 현실적으로 불가능하다.

두 줄의 빛이 자가 된다

특수상대성이론에서는 늘 빛이 기준이었다. 진공 속을 달리는 빛의 속도는 발광체나 관측자의 운동 상태와 상관없이 늘 일정하다. 일반상대성이론에서도 마찬가지로 빛이 기준이 된다.

우주 공간의 한 지점 A에서 출발한 빛은 사방으로 퍼져나가고, 그중 일부가 지점 B에 도달한다. 이때 A에서 B까지 빛의 통로가 측지선이 된다. 이것으로 측지선, 즉 최단거리는 실험적으로나 이론적으로도 결정할 수가 있는데 일반상대성이론에서 중요한 것은 공간의 휘어짐이다.

그렇다면 공간의 휘어짐은(이론적으로) 어떤 방법으로 결정할 수 있을까? 여기서도 평행선 개념이 사용되지만, 그 선은 자나 막대기가 아니라 빛이다. 두 줄기의 광속을 공간 속에서 평행하게 진행시키는 것이다. 이 두 줄기의 광속이 어디까지나 계속해서 평행을 유지한다면, 측지선은 서로 평행이며 그 공간은 곧다고 말할 수 있다.

또 두 광속이 질량이 큰 천체의 표면 가까이를 지나간다고 해보자. 이 경우 빛은 질량 때문에(아주 미세하게나마) 휘어지게 된다.

천체에 가까운 쪽 광속은 다른 한 가닥의 광속보다 크게 휘어진다. 그리고 천체에서 멀어질수록 이미 두 가닥은 평행이 아니고 점차 서로 멀어지게 된다. 즉 이러한 현상은 천체 부근에서 공간이 휘어져 있었다는 것으로 해석할 수 있다. 천체가 공간을 휘어놓는 셈이다.

바꿔 말하면 중력장=공간의 휘어짐이다. 질량이나 힘(중력)이라는 개념을 사용하는 대신, 이를 '공간의 휘어짐'이라는 표현으로 바꾸는 것이 바로 이러한 의미다. 아무것도 존재하지 않는, 별이나 물체가 전혀 없는 공간은 평탄하다. 하지만 중력장이 존재하면, 그에 따라 공간은 휘어지게 된다. 공간의 휘어짐을 수식으로 표현하기 위해 사용하는 수학적 도구가 바로 리만기하학이며, 이를 바탕으로 공간의 휘어짐을 기술하는 이론이 바로 일반상대성이론이다.

반유대의 발자국 소리가 들려온다

아인슈타인은 제1차 세계대전 중, 과학사상에 드문 업적으로 꼽히는 일반상대성이론을 발표했다. 그러나 그 시기 그의 사생활은 결코 평온하거나 즐거운 것이 아니었다. 취리히 시절의 숱한 추억을 공유한 밀레바와의 관계는 완전히 틀어졌고, 두 사람은 이미 전쟁 직전부터 별거에 들어간 상태였다. 결국 정식으로 이혼하게 되었고, 그들 사이에서 태어난 두 아들 한스 알베르트(Hans Albert)와 에두아르트(Eduard)와도 아인슈타인은 떨어져 살아야 했다.

얼마 후 아인슈타인은 사촌 누이동생 엘자(Elsa)와 재혼했다. 엘자와 아인슈타인의 어머니는 자매였고, 엘자의 아버지와 아인슈타인의 아버지는 사촌 사이였다. 다만 엘자에게는 전 남편과의 사이에서 태어난 두 딸 일제와 마고트가 있었다. 제1차 세계대전이 끝난 뒤, 이들은 네 식구가 되어 함께 즐거운 가정생활을 이어갔다.

엘자는 1936년, 미국 프린스턴(Princeton)에서 세상을 떠나기까지 천재 물리학자인 남편을 지극 정성으로 보살폈다고 한다. 사실 그보다 앞선 1934년에 그녀는 가장 사랑하던 딸 일제를 먼저 떠나보내야 했다. 당시 일제는 베를린에서 살고 있었고, 남편은 잡지 『노이에 룬트샤우』의 편집장이었다. 때마침 나치스의 세력이 본격적으로 확장되던 시기였기에, 유대인을 부모로 둔 젊은 부부는 냉엄한 정세 속에 휘말리게 되었다. 일제의 죽음 또한 상당히 비극적인 것으로 전해지며, 프린스턴에 머물던 엘자에게 큰 슬픔을 안겨주었음은 충분히 짐작할 수 있다. 1936년 아내 엘자의 죽음 이후, 아인슈타인은 프린스턴에서 (적어도 가정적으로는) 고독한 나날을 보내게 된다.

이야기를 다시 사건이 많았던 1919년으로 되돌려 보자. 이 해에는 영국 탐험대에 의해 빛의 휘어짐 현상이 관측되면서, 일반상대성이론의 토대가 확고히 굳어졌다. 그러나 패전국의 수도 베를린은 전선에서 돌아온 병사들로 인해 큰 혼란에 휩싸여 있었다. 병약했던 아인슈타인의 어머니도 이듬해 1920년에는 세상을 떠났다.

광속의 90퍼센트 속도로 달려가는 대형 로켓 속에서
나는 소형 로켓이 있다고 하자.
소형 로켓이 큰 로켓에 대해
광속의 90퍼센트로 날고 있다고 하면
정지계의 사람이 작은 로켓을 본다면
광속의 100퍼센트로 날아가는 것처럼 보일까?

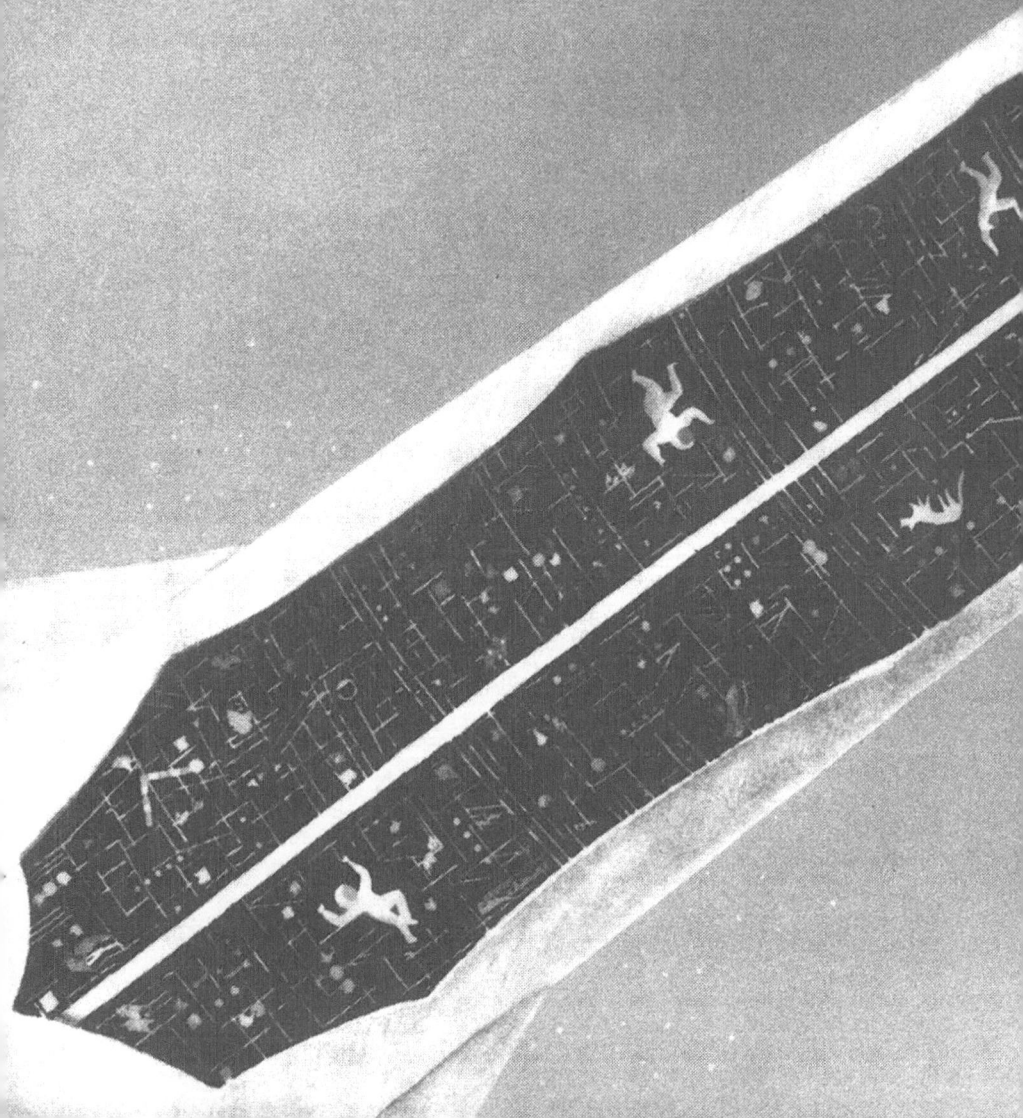

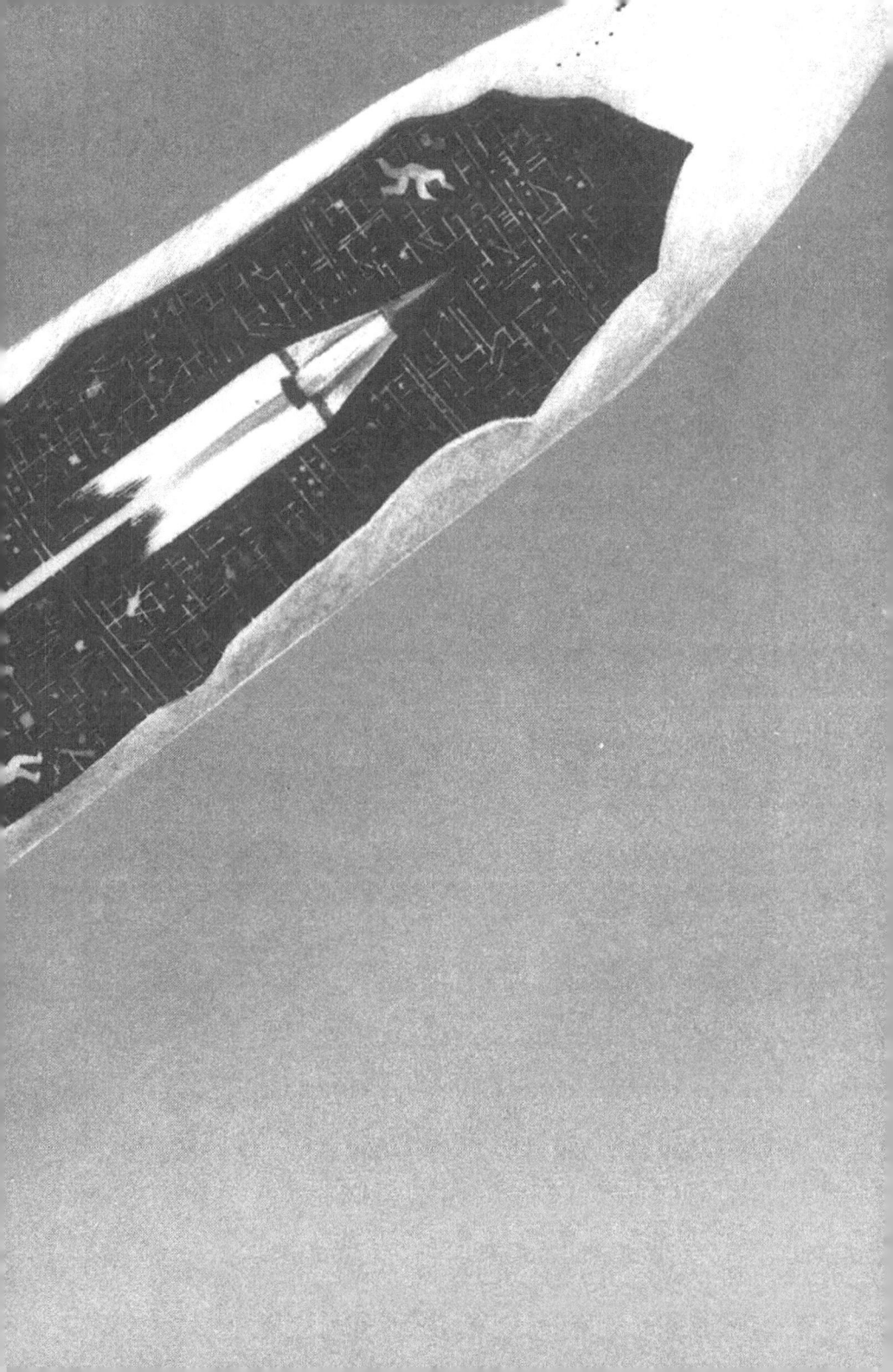

1905년의 특수상대성이론이 주목을 받고, 또 10년 뒤에는 일반상대성이론이 다른 나라의 실험 그룹에 의해 검증되려 하고 있던 무렵이었다. 본래 같으면 아인슈타인은 국가적 영광의 상징으로서 독일 국민의 큰 찬사를 받아 마땅했을 것이다. 그러나 그를 둘러싼 사회적 분위기는 결코 우호적이지 않았다.

당시(1919~1920년경) 히틀러는 아직 뮌헨의 술집에서 연설을 떠벌리고 다니는 한낱 풋내기에 지나지 않았고, 국가사회주의 독일 노동당(나치스) 역시 남부 독일의 하찮은 작은 당에 불과했다. 그럼에도 불구하고 독일인의 대부분은 베르사이유(Berseillies) 조약에 대해 커다란 불만을 품고 있었다.

"우리는 이번 전쟁에서 잘 싸웠다. 러시아에서는 승리했고, 서부 전선에서도 영국과 프랑스 연합군을 압도했다. 우리가 패배한 것은 배후에서 유대인들이 우리 등에 칼을 꽂았기 때문이다"라는 여론이 점차 지배적으로 퍼져 나갔다.

반유대주의, 즉 유대인을 혐오하는 태도는 일반 시민들만이 아니었다. 이성과 양식을 갖췄다고 여겨지는 학자들 사이에서도 반유대주의를 지지하는 이들이 있었다. 그 대표적인 인물의 하나가 물리학자 레나르트였다.

학자로서의 레나르트는 근대 물리학을 개척한 인물 중 하나로, 그의 폭넓은 연구 업적은 높이 평가받아 마땅하다. 그는 브레슬라우(Breslau), 아헨(Aachen), 하이델베르크(Heidelberg), 킬(Kiel) 대학에서 교수를 역임했으며, 1907년에는 다시 하이델베르크대학교로 돌아왔다. 자외선에 의한 기체의 전리(電離), 낙하하는 물방울의 진동현상, 금속의 광전효과(光電效果), 형광(螢光), 인광(燐光), 음극선, 카날선(Canal rays: 일종의 양극선) 등으로 그 연구 분야는 매우 광범위하다. 진공방전에 대한 연구에서는 그의 이름을 딴 레나르트선이 존재하며, 1905년에는 음극선 연구로 노벨 물리학상을 수상했다.

레나르트는 광전효과에 대한 이론적 연구로 아인슈타인이 명성을 얻게 된 것을 몹시 불쾌하게 여겼다. 그는 광전효과가 본래 자신이 발견한 것이라는 강한 자부심을 가지고 있었다. 이러한 감정이 그로 하여금 아인슈타인을 싫어하게 만들었고, 나아가 유대인을 증오하게 된 하나의 원인이 되었을지도 모른다. 1921년, 아인슈타인이 광전효과에 대한 이론적 연구로 노벨상을 수상하자, 레나르트의 반유대주의는 더욱 완고해졌고, 히틀러의 대두와 함께 그는 열렬한 나치즘 지지자가 되어 갔다.

또 다른 인물로는 반유대주의 성향을 지닌 물리학자 슈타르크(J. Stark, 1874~1957년)가 있었다. 바이에른[Bayern, 영어 이름은 바바리아(Bavaria)]의 시켄도르프(Schickendorf)에서 태어난 아헨, 그라이프스발트(Greifswald) 대학을 거쳐 1920년 당시에는 뷔르츠부르크(Wurzburg) 대학의 교수로 있었다. 진공방전관 속에 생기는 카날선의 도플러(C. J. Doppler, 1803~1853년) 효과를 발견했으며, 광원을 전기장 속에 두었을 때 스펙트럼선이 분기(分岐)하는 현상을 발견했다. 후자는

슈타르크 효과라 불리며 이런 업적으로 그는 1919년 노벨 물리학상을 수상했다. 이후 슈타르크는 실업계로 진출했고, 1930년대에는 경제 분야를 비롯한 여러 영역에서 나치에 협력하게 된다.

레나르트나 슈타르크만큼 노골적이진 않았지만, 유럽과 미국에서도 유대인에 대한 거부 반응은 은연중에 확대되고 있었다. 이는 오히려 오랜 역사를 지닌 백인문화의 그늘진 일면을 말해주는 사례라고도 할 수 있을 것이다. 아인슈타인의 상대성이론은 많은 학자로부터 경탄과 존경의 찬사를 받았지만, 한편으로는 "튀어나온 말뚝은 두들겨 맞는다"는 속담처럼 신을 두려워할 줄 모르는 유대인이 내놓은 제안이라며 비난의 소리가 높아졌던 것이 사실이다. 이리하여 천재 물리학자는 1919년에서 1920년 무렵의 독일에서 칭찬과 힐뜯음이 뒤섞인 평판 속에 살아가게 된다.

15

우주에 중심이 있는가?

상대성이론과 우주론

아인슈타인의 일반상대성이론은 공간의 휘어짐을 수식으로 표현한 이론이다. 이는 우주 곳곳에 천체가 존재한다고 보기보다 공간 자체의 여러 지점이 휘어져 있다고 보는 관점에 바탕을 두고 있다. 이러한 휘어짐을 나타내는 수식에는 비유클리드기하학이 적용된다.

그렇다면 우주 공간 전체는 어떻게 이루어져 있을까? 이에 대해 일반상대성이론은 어떤 관점을 취하고 있을까? 이 질문에 올바른 대답을 한다면 일반상대성이론은 우주의 전체 구조에 대해서는 아무것도 언급하지 않는다고 말하는 것이 타당할 것이다. 상대성이론과 우주론은 본질적으로 별개의 것이다. 이는 고전물리학을 대표하는 뉴턴 역학과 공간구조와의 관계를 떠올려 보면 쉽게 이해할 수 있다.

뉴턴 역학은 어떤 시각에(긴 시간이 아닌 아주 한순간에) 또는 어떤 장소에서(긴 거리가 아닌 극히 미소한 한 지점에서)의 일을 생각하고 있다. 그래서 질량을 가진 물체에 힘이 작용하면, 그 힘의 방향을 고려해 힘에 비례하고, 질량에 반비례하는 가속도가 발생한다고 설명한다. 마찬가지로 일반상대성이론도 특정 순간, 특정 장소에서 공간이 어떻게 휘어져 있는지를 수식으로 기술한 것에 지나지 않는다. 그러므로 뉴턴 역학도 아인슈타인의 물리학도 우주 전체의 공간이 어떻게 구성되어 있는지에 대해서는 아무것도 말해주지 않는다고도 할 수 있다.

그러나 이러한 설명은 어디까지나 표면적인 목적론일 뿐이다. 뉴턴 역학에서는 공간의 휘어짐 따위는 고려하지 않으므로 우주 공간은 어디까지나 곧은 것, 그리고 무한히 펴져 있는 것이라고 결론지을 수밖에 없다. 왜냐하면 뉴턴 역학을 아무리 자세히 분석해도 '공간의 궁극적인 장소' 따위는 절대로 나오지 않기 때문이다.

그러나 뉴턴 역학에서 도출되는 운동량 보존의 법칙 등에 따르면, 우주 공간에는 막대한 수의 천체가 존재하며, 이론상 그 천체들의 중심 위치는 모두 계산 가능하다.

더욱이 그 중심 위치는 변화하지 않고 고정되어 있을 것으로 추정된다. 수많은 천체는 서로 인력을 주고받거나, 때로는 충돌하며 이리저리 움직이지만, 그들 천체의 중심은 움직이지 않는다. 따라서 이 중심을 기준으로 정지해 있는 천체(요컨대 별을 말한다)는 정지해 있는 것이며, 중심에 대해 움직이는 별은 운동하는 물체가 된다. 즉 운동의 절대성이 성립하는 것이다.

끝이 없는 닫힌 우주

상대성이론의 경우 얼핏 생각하면 모든 천체의 중심 위치를 결정할 수 있을 것처럼 느껴질지도 모른다. 그러나 뉴턴 역학과 달리, 우주 공간이 휘어져 있다는 점을 잊지 말아야 한다. 이 넓은 우주 공간이 전체적으로 '결국' 어떻게 휘어져 있는가에 대해서는 현재까지도 다양한 견해가 존재한다. 그중 아인슈타인은 "끝이 없는 닫힌 우주 모형"을 상상했다. 되풀이하지만 일반상대성이론의 수식은 공간의 각 국소적인 휘어짐을 규정할 수 있을 뿐, 우주 전체가 어떻게 구성되어 있는지는 알 수 없다. 우주 전체의 평균밀도나 수십억 년에 이르는 우주의 역사 등으로부터 추측하는 수밖에 없는 것이다.

그렇다면 "끝이 없는 닫힌 우주"란 과연 어떤 걸까? 3차원 공간의 휘어짐은 감각적으로는 이해하기 어렵기 때문에, 2차원의 곡면을 예로 들어 설명해 보자. 지구의 표면처럼 끝이 없으면서도 일정한 면적을 가진 공간, 즉 결코 무한히 넓은 것은 아니라는 사고방식이 그 하나의 예가 될 수 있다.

이 사고방식에 따르면 중심의 문제도(정확하게 말하면 중심을 결정할 수 없다고 하는 문제도) 납득할 수 있게 설명된다. 지구 표면에 수많은 섬이 있다고 하자. 실제로는 대륙도 존재하지만 여기서는 우주 공간에 비유해 섬만이 있다고 생각해 보자. 지구 표면의 한정된 영역만을 본다면, 섬들 사이의 중심을 구할 수 있다. 예를 들어 섬이 두 개라면 두 섬의 중심을 잇는 선분을 섬의 크기에 반비례해 내분한 점이 중심이 된다. 섬이 세 개라면, 먼저 두 섬의 중심을 구하고 그 중심과 세 번째 섬 사이의 중심을 다시 구하면 된다. 섬이 네 개, 다섯 개로 늘어나더라도 같은 방식으로 계산해 나가면 (그 계산이 아무리 복잡하더라도) 결국 중심을 구할 수 있다. 따라서 마리아나제도나 솔로몬제도와 같은 경우에는 중심 위치의 결정이 가능한 것이다.

그러나 지구 표면 전체에 섬이 흩어져 있을 때 그 전체의 중심을 표면 위의 한 지점으로 지정하라고 한다면, 그것은 불가능한 일이라는 것을 쉽게 짐작할 수 있다. 마리아나제도와 그 반대편(지구로 말하면 남대서양에 해당하겠지만 2차원 공간에서는 반대편이라는 개념 자체가 성립하지 않는다. 즉 마리아나제도에서 가장 멀리 떨어진 곳이라고 하는 것이 가장 적합하다) 섬과의 중심을 구한다고 해도, 그 위치를 명확히 정할 수는 없다. 결국 요점은, 공간이 휘어져 있으므로 중심을 결정할 수 없다는 데 있다.

우주 공간에 만약 중심이 있다면 공간은 상대적인 것이 아니라 절대적인 것이 되어 버린다. 그러나 특수상대성이론에서도 일반상대성이론에서도 기본적으로 '절대'라는 개념은 부정되고 있다. 지구 표면처럼 알기 쉬운 예를 떠올려 보면, 기준이 되는 위치를 정할 수 없다는 사실을 쉽게 납득할 수 있을 것이다. 가령 우주가 이와 같이 끝이 없는 닫힌 공간이라면 우주가 매우 넓다는 점에는 틀림없지만 그 너비는 유한하며, 중앙의 점을 정할 수는 없다. 달리 말해 자기가 사는 장소가 늘 우주의 중심이라고 생각해도 아무 문제가 없다는 결론이 되는 것이다.

천체는 질량을 가지고 있으므로 만유인력 때문에 천체끼리 서로 끌어당겨 모여들 가능성이 있다. 이를 지구 표면의 섬에 비유하면 섬들 사이의 인력 때문에 구(球) 형태의 공간이 오그라들 수 있다는 상상을 할 수 있다. 아인슈타인은 이를 걱정해 방정식 속에 우주항(宇宙項)이라는 특수한 힘을 가정했다. 만유인력은 우주를 수축시키려 하지만 우주항은 그와 반대로 작용해 우주가 안정하다(평형을 유지하고 있다)고 생각한 것이다. 그러나 일반상대성이론이 발표된 지 얼마 지나지 않아, 우주의 팽창이 관측되면서 아인슈타인도 우주항이 굳이 필요치 않음을 인정하게 된다.

일반상대성이론이 발표된 직후, 수많은 물리학자와 천문학자들이 온갖 우주 모형들을 제안했다. 이를테면 네덜란드의 천문학자 드 지터(W. de Sitter, 1872~1934년)는 공간뿐만 아니라 시간도 휘어져 있다고 생각했다. 이 사고방식에 따르면 먼 과거(아마도 수백억 년)는 그대로 까마득한 미래로 이어진다는 결론에 이르게 된다.

또한 공간이 구처럼 볼록한 모양으로 휘어져 있지 않고 오목한 형태로 되어 있다는 설도 제안되었다. 볼록한 공간에서는 평행선이 존재하지 않지만 오목한 공간에서는 한 점을 통과하면서 주어진 직선과 평행한 직선을 몇 가닥이나 그을 수 있는 복잡한 공간을 가진다. 오목한 공간 안에 그린 삼각형의 내각의 합은(볼록한 경우와는 반대로) 두 직각보다 작아진다.

현실의 공간이 어떤 형태인지는 실험을 통해서만 검증할 수 있다.

그러나 유감스럽게도 우주 공간에서 별들을 꼭짓점으로 하여 삼각형을 구성해 측정하더라도, 그 내각의 합이 두 직각과 얼마나 차이가 나는지를 알아내기는 어렵다. 오늘날 천체 관측 기술은 크게 발달해 왔으나 양적으로 정밀한 측정이 가능한 범위는 여전히 지구로부터 그리 멀지 않은 장소로 국한되어 있다.

아인슈타인과 시오니즘

일반상대성이론은 1915년부터 1916년에 걸쳐 발표되었지만, 이 이론이 관측 결과와의 관련성을 통해 널리 인정받게 된 것은 앞서 말한 1919년의 에딩턴 등의 관측대 발표 덕분이었다. 서아프리카로 원정한 관측대는 일식 당시 촬영한 사진을 정밀하게 검토해 실험 과정에서 발생할 수 있는 오차를 바로잡았다. 그리하여 1919년 11월 6일에 런던에서 열린 왕립협회(王立協會) 총회에서 아인슈타인의 이론이 타당하다는 결과가 공식적으로 발표되었고, 이 위대한 물리학자의 획기적인 업적에 대해 아낌없는 찬사가 쏟아졌다.

물리학에는 고체물리(固體物理), 액체물리(液體物理), 물질과 전자기와의 관계 등 시간과 공간에 대한 기초 이론을 굳이 필요로 하지 않는 연구 대상이 많다. 그러나 이 시점에서 온 세계의 물리학자가 (그 내용을 완전히 이해했는지, 또는 진심으로 납득하고 찬성했는지는 덮어두더라도) 아인슈타인 이론에 경탄을 금치 못했던 것만은 분명한 사실이다.

1919년부터 1920년에 걸쳐 그의 업적이 국제적으로 인정을 받기 시작하던 무렵, 베를린의 아인슈타인은 무척 바쁜 나날을 보내고 있었다. 패전 후 독일의 인플레이션은 심각했지만, 의식주에 별다른 관심이 없던 그는 여전히 허름한 양복 차림으로 연구소에 다녔다. 다만 이 시기에는 좋아하는 음악 연주회를 위해 아주 고급 바이올린을 구입했다. 또 친한 물리학자 에렌페스트(앞에서 말했듯이 그는 1933년에 자살했다)를 위해 고급 피아노도 마련했다.

1920년에 네덜란드의 레이던(Leiden)대학교를 방문해 물리학자들과 오랜 친분을 다시 돈독히 했다. 그는 이 무렵 저온(절대온도로 1도 정도)에서 물질의 자성(磁性)을 연구하고 있었다. 이러한 연구는 저온물리학의 개척자인 레이던대학교 오네스 교수가 그의 오랜 지인이라는 점과 무관하지 않았을 것이다. 저온(현재는 1,000분의 1°K 또는 그 이하)에서 진행되는 자성 연구는 물리학의 중요한 과제 중 하나로 여겨지고 있다.

독일로 돌아온 아인슈타인을 기다리고 있던 일 가운데 하나가 시오니즘(Zionism)이었다. 시온은 예루살렘 남부에 위치한 언덕 이름으로, 전 세계에 흩어져 있는 유대인들이 이곳에 유대인 고유 국가를 건설하려는 운동을 시온주의라고 한다. 이 운동은 19세기 후반부터 추진되어 왔으며, 특히 제1차 세계대전 중 영국이 유대 자본의 지원을 얻기 위해 유대 국가 건설을 약속하면서 이 운동에 박차를 가하게 되었다. 결과적으로 영국의 그 약속은 아랍 여러 나라의 강력한 반대에 부딪혀 실현되지 못했고, 이스라엘 건국은 그로부터 40년이 지난 제2차 세계대전 종료 후인 1948년에 이르러서야 이루어지게 된다.

다만 동유럽 여러 나라의 슬라브 민족 사이에 거주하던 비교적 가난한 유대인과 독일 등지에서 생활하던 엘리트 유대인들 사이에는 상당히 심한 감정대립이 있었다. 학자로서 최고의 명성을 얻은 아인슈타인은 후자인 엘리트파에 속했는데, 시온주의 운동이 두 세력으로 분열되어 격렬하게 전개되는 상황에 그는 다소 질려 있었던 듯하다. 프로이센식 제국주의를 극도로 혐오하던 그는 이와 마찬가지로 유대 국가주의에 대해서도 노골적인 전체주의나 통제주의적 성향과는 결코 가까워질 수 없었다.

그러나 시온주의 2,000년에 이르는 긴 세월 동안 고향을 갖지 못했던 유대인들의 오랜 숙원이기도 했다. 물리학자인 동시에 유대인이었던 아인슈타인 역시 이 운동에 등을 돌릴 수는 없었다. 오랜 고민 끝에 결국 그는 시온주의 운동에 동참하게 된다. 이 때문에 반유대주의자들 뿐 아니라 같은 유대인이면서도 반대 입장에 있는 사람들로부터 때로는 책임을 규명 당하는 일도 있었다. 그리하여 정치나 사상과는 전혀 관계없는 상대성이론이 때로는 "악마의 사상"이라는 낙인을 받는 일까지 벌어졌다.

16

시간, 공간, 질량

아인슈타인, 미국으로의 여행

일반상대성이론이 발표되고 그 내용 가운데 "빛은 태양표면 가까이에서 휜다"는 사실이 입증되면서 아인슈타인은 갑자기 바빠졌다. 시온주의 운동의 지도자로 그를 내세우려는 유대인들의 정치적 요청도 있었지만 유럽과 미국의 주요 대학과 연구소 등에서도 강연 부탁이 들어왔다.

1921년, 그는 42세가 되었다. 이 해에 10년 전 교수로 재직했던 프라하대학교를 방문했다. 이미 합스부르크(Habsbrug)가의 지배에서 벗어나 독립국 체코슬로바키아의 수도가 된 이 도시는 예전과 달리 느긋한 분위기를 풍기고 있었다. 귀국 길에 그는 오스트리아의 수도 빈에도 들렀다. 예전 대제국의 모습은 사라지고 거리엔 일자리를 요구하는 시위에 참가하거나 빈민가에서 생활하는 가난한 사람들로 가득했다. 이들 군중 속에 유대인이 많았던 것도 사실이었다.

대학자인 아인슈타인이 이들 유대인에게 어떤 감정이 있었는지는 분명하지 않다. 그러나 이 무렵, 오스트리아 출신의 가난한 화가 아돌프 히틀러라는 인물이 빈민가를 떠돌며 증오에 찬 눈으로 유대인을 바라보고 있었다. 훗날 이 인물로 인해 아인슈타인을 비롯한 수많은 학자들이 독일에서 쫓겨나게 되리라고는 그 당시 누구도 예상조차 할 수 없었다.

또한 이 해에 아인슈타인은 아내와 함께 대서양을 건너 미국을 방문했다. 이번 여행의 겉보기 목적은 학문적인 강연이었지만, 실제로는 히브리대학교 건설을 위한 자금 모집이 주된 목적이었다. 시온주의 운동의 주요 인물이었던 차임 바이츠만(Chaim Azriel Weizmann, 1874~1952년)이 동행해 여행 계획을 주도했고, 팔레스티나(Palestina)에 건설할 예정인 이 대학을 위해, 미국에 사는 6,000명의 유대계 의사를 비롯한 수많은 사람이 아인슈타인을 환영했다. 은행가, 의사, 변호사 그 밖의 많은 사업 분야에서 진출해 있던 유대인들은 국제적 학자들 자신들이 사는 대륙으로 맞이하며 밤낮으로 번갈아 찾아와서는 악수를 청했다.

그러나 이 사람들이 '상대성이론'이 어떤 것인지 알고 있었던 것은 아니었다. 게다가 전형적인 양키 기질을 그대로 드러내며, "상대성이론이란 도대체 뭣입니까?"라는 질문을 번갈아 던져, 여행 중이던 아인슈타인을 어리둥절하게 만들었다. 그는 상대성이론의 본질을 비전문가도 이해할 수 있도록 설명하기 위해 애썼고, 그의 답변 가운데 다음 말은 특히 유명한 표현으로 남아 있다.

"지금까지의 사고방식, 즉 뉴턴 역학에서는 시간과 공간이 절대적인 것으로 여겨졌습니다. 만약에 우주에 별이 하나도 없더라도 시간과 공간은 분명히 존재한다고 생각되어 왔습니다. 그러나 상대성이론에서는 다릅니다. 물질이 사라지면 시간도 공간도 함께 사라진다고 보는 것입니다."

멍하니 듣고 있으면 선문답(禪門答)처럼 느껴질 수도 있지만, 아인슈타인이 말하고자 한 바는 이렇다. 시간과 공간은 그 속에 질량이 있음으로써 비로소 존재할 수 있는 것이며, 다시 말해 시간·공간·질량이라는 세 요소는 서로 밀접하게 얽혀 있어 어느 하나라도 떼어 놓고서는 존재할 수 없다는 것이다. 질량의 존재는 곧 시간과 공간의 휘어짐을 의미하며, 아인슈타인의 이 간단한 답변은 일반상대성이론의 핵심을 표현한 것이라 할 수 있다. 하지만 그의 말을 듣고 그 의미를 온전히 이해한 사람이 과연 청중 중에 몇 사람이나 있었을까?

아인슈타인은 미국에서 돌아오는 길에 영국을 방문하여 맨 먼저 웨스트민스터(Westminster)사원에 있는 뉴턴의 무덤에 꽃을 바쳤다. 이어서 자신의 이론을 관측이라는 실천으로 지지해 준 일식 관측대에 감사의 마음을 전했다. 제1차 세계대전이 막 끝난 직후였기에, 영국은 미국과는 달리 수많은 병사를 잃었고, 런던 등 주요 도시는 비행선에 의한 공습까지 겪으며 독일에 대한 원한이 뿌리 깊었다. 그러나 영국인의 아인슈타인을 바라보는 시선은 달랐다. 독일 국적을 갖고 있지 않았던 이 물리학자를 그들은 국제인으로 존경했으며, 자기 나라의 관측대가 확인한 빛의 휘어짐과 함께 공간의 휘어짐을 이론적으로 제시한 과학 혁명가에게 한없는 찬사를 아끼지 않았다.

일반상대성이론의 우군들

일반상대성이론이 세상에 발표된 직후, 이 이론을 실증적으로 뒷받침한 것은 태양광의 휘어짐 외에도 두 가지가 더 있었다. 이들 모두 천체 관측을 통해 얻어진 것이었으며, 그중 하나는 수성의 공전궤도를 정밀하게 측정한 결과에서 도출되었다.

태양계에 속한 행성은 지구를 포함해 모두 태양을 초점으로 하는 타원궤도를 그리고 있다. 그중 태양에 가장 가까운 수성의 운동을 장기간에 걸쳐 관측해 보면(수성이 일주하는 것은 약 0.24년), 공전궤도인 타원의 긴 축(긴 쪽의 지름) 방향이 해마다 조금씩 변화하고 있다(즉 긴 축은 오랜 세월에 걸쳐 서서히 회전하고 있다).

긴 축의 방향이 변하는 현상 자체는 역학적으로는 이상한 일이 아니지만 그 변화 속도가 뉴턴 역학으로 계산된 값과는 약간 약간 차이가 난다. 궤도의 비틀거림 등에는 갖가지 원인이 있으며 이들에 따른 오차를 끈기 있게 보정해 나가지 않으면 정확한 결론을 얻을 수 없다. 그러나 역학적으로 가능한 모든 보정을 시도해 보아도 관측 결과와는 맞지 않는다. 그렇다면 이는 뉴턴 역학으로는 현실을 완전히 설명할 수 없으며, 전혀 다른 사고방식을 도입해야 한다는 뜻이 된다.

여기에 일반상대성이론을 적용해 보면 태양이라는 거대한 질량으로 인해 그 주변의 공간은 매우 미세하게 휘어져 있다. 태양에 가장 가까운 수성은 이 휘어진 공간을 따라 움직이고 있기 때문에 긴 축 회전의 속도는 그에 대응하는 값이 되지 않으면 안 된다. 상대론적 보정을 고려한다면 뉴턴 역학에서 계산한 결과보다 현실의 관측값과 훨씬 더 잘 들어맞는다. 비록 매우 미세한 수치일지라도, 이는 "상대성이론은 진짜다"라는 것을 보여주는 하나의 증거라고 할 수 있다.

상대성이론을 지지하는 또 하나의 근거는 태양에서 오는 빛의 파장을 측정한 결과에서 찾을 수 있다. 아인슈타인의 이론에 따르면 중력이 강한 장소에서는 거리가 단축되고 시간의 경과가 더뎌진다. 빛이나 적외선을 포함한 전자기파는 원자나 전자의 진동에 의해 방출된다. 그런데 태양 표면에서는 지구보다 중력이 강하므로 시간의 흐름이 더 느려지고, 그로 인해 입자의 진동 속도도 느려진다. 그곳에서 나오는 빛의 주파수는 낮아지고 파장은 길어진다. 물질에서 나오는 빛의 파장은 원래 일정하게 정해져 있지만, 그 물질이 태양처럼 강한 중력장에 있으므로 나오는 빛의 파장은 붉은색 쪽으로 기울어지게 된다.

눈에 보이는 전자기파(즉, 빛) 중 파장이 긴 것은 붉게 보인다. 이러한 빛이 고유의 색깔보다 붉은 기를 띠게 되는 현상을 적색편이(赤色偏移)라고 한다. 태양에서 오는 빛을 정밀하게 분석해 보면, 실제로 적색편이가 발생하고 있음이 확인된다. 이것도 일반상대성이론이 단순한 이론에 그치지 않고, 현실 세계에서도 유효하다는 것을 보여주는 근거 중 하나이다.

적색편이는 다음과 같이 해석할 수도 있다. 일반적으로 파동은 진동수가 클수록 에너지가 크다. 다시 말해 파장이 짧을수록 고에너지이다.

그런데 빛을 입자처럼 간주하면, 이 입자는 에너지는 가지지만 질량은 없다. 그런데도 빛은 중력장 내에서 방향이 휘어진다. 쉽게 말해 일반상대성이론에서는 빛도 중력에 의해 떨어진다고 보는 것이다.

적색편이에 대해서도 같은 방식으로 설명할 수 있다. 태양 표면은 거대한 질량 때문에 매우 깊은 위치에너지 상태에 놓여 있다. 정확히 말하면, 이곳의 위치에너지는 부호가 음수이며 절댓값이 매우 큰 상태이다. 이 에너지의 바닥에서 만들어진 빛이 지구까지 도달하려면, 깊은 바닥에서 기어오르지 않으면 안 된다. 자기의 노력으로 위치에너지를 획득한 몫만큼 본래의 에너지를 소모하는 것과 같다. 이는 보통의 역학에서 위치에너지가 늘어난 몫만큼 자기가 갖는 운동에너지가 줄어드는 것과 같다.

적색편이 현상은 바로 이러한 과정에서 발생한다. 질량이 없는 빛조차 중력장 안에서는 궤도가 휘어질 뿐 아니라, 중력장의 바닥에서 빠져나올 때는 붉은 기를 띠게 된다. 이처럼 빛이 휘어지는 현상과 함께 우주 공간에서도 일반상대성이론이 유효하게 적용함을 보여주는 중요한 증거가 된다.

팽창하는 우주

일반상대성이론이 다양한 방식으로 뒷받침되며 연구되던 1920년 전후, 미국의 천문학자 에드윈 파월 허블(Edwin Powell Hubble,

1889~1953년)은 우주를 지속적으로 관측한 결과 중대한 사실을 발견했다. 그는 미주리(Missouri)주에서 태어나 시카고대학교와 옥스퍼드대학교에서 수학했으며, 이후 윌슨산(Wilson)과 팔로마산(Palomer) 천문대의 연구위원장을 지냈다. 허블은 태양계 밖의 가까운 별들뿐 아니라 은하계 전체와 은하계 외부에 있는 별의 관측에 일생을 바쳤다.

은하계의 중심(은하수가 보이는 근처)까지의 거리는 3만 광년, 은하계 밖의 마젤란(Magellan) 성운이나 안드로메다(Andromeda) 성운까지는 수십만에서 백수십만 광년에 이른다. 허블은 이처럼 먼 거리에 있는 별을 정력적으로 관측하고 있었다. 마침내 그가 밝혀낸 사실은 "우주는 팽창하고 있다"는 것이었다.

우주가 팽창한다는 것은 과연 어떤 일일까? 공간이 아무리 팽창한다 해도 그것을 알아차릴 수는 없을 것이다. 아니 알 수 없는 것이 아니라 만약에 물질(별이라든가 성운이라든가)이 없으면 아인슈타인의 말대로 공간도 시간도 존재할 수 없는 것이다. 우주가 팽창한다는 말은 별 사이의 간격이 점점 멀어지고 있음을 의미한다.

수천만 광년, 수억 광년에 이르는 먼 곳의 물체가 달리는 모습을 망원경으로 직접 관측할 수는 없다. 그러나 빛이나 소리처럼 파동의 성질을 지닌 것에는 '도플러 효과'라는 현상이 있다. 멀어지면서 파동을 낼 경우, 본래보다 주파수가 작고(파장이 길고), 반대로 접근하면서 파동을 낼 경우에는 주파수가 크게(파장이 짧게) 느껴진다. 구급차가 사이렌을 올리며 눈앞을 지나갈 때, 가까이 다가올 때는 소리가 높고, 지나간 뒤에는 소리가 낮게 들리는 것이 바로 이 원리 때문이다. 여담이지만 텔레비전 중계에서 야구 투수가 던진 속구를 순간적으로 표시하는 데에도 도플러 효과를 응용한 기계가 사용된다.

허블은 천체를 관측한 결과, 멀리 있는 별일수록 붉게 보인다(실제는 눈으로 관찰한 것이 아니라 정밀한 분광기를 사용한 결과임)는 것을 알게 되었다. 중력장에 의한 적색편이를 보정하더라도, 먼 별일수록 더욱 멀리 저쪽으로 도망쳐 가는 것이다. 그래서 우리가 사는 이 우주 공간은 적어도 현재로서는 계속해서 팽창하고 있다고 결론을 내리지 않을 수 없다.

이후 우주의 팽창은 많은 천문학자와 물리학자에 의해 인정받게 되었으며, 이로 인해 아인슈타인의 상대성이론이 조금도 훼손되는 일은 없었다. 그의 방정식은 이처럼 움직이는 우주에도 훌륭히 적용된다. 다만 그가 만유인력을 상쇄하는 힘으로서 인위적으로 추가했던 우주항은 더는 필요 없는 것이 되었고, 그 결과 상대성이론은 군더더기를 떼어버리고 오히려 간결해졌다.

17

아인슈타인의 노벨상 수상

17년 후의 노벨상

1922년 11월 가을, 아인슈타인은 노벨 물리학상을 수상하게 되었다. 이 천재 물리학자가 특수상대성이론이나 광양자론을 발표한 지 17년 후의 일이었다. 이는 아인슈타인의 전기(傳記)에 관심을 가진 사람에게는 어쩌면 기이하게 느껴질 수도 있다. 유대인이었기 때문에 수상이 늦어진 것이 아닐까 하고 말이다.

그러나 그것은 좀 지나친 억측이라 하겠다. 이에 대해서는 물리학이라는 학문 내용을 좀 더 깊이 이해하지 않으면 안 된다.

물리학뿐만 아니라 화학, 생물학 등 자연과학은 "자연계는 어떻게 구성되어 있는가?"를 실제로 해명하는 학문이다. 자연을 관찰하거나 적당한 방법으로 연구하여 자연현상의 일부분을 추출해서 이를 정밀하게 측정한 뒤 자연계의 상태를 질서 있게 설명하는 것이 자연과학의 핵심이다. 때로는 있는 그대로의 현상만으로는 만족하지 못하고, 인간이 인위적으로 조작을 가하면 지금까지 본 적 없는 새로운 현상이 발생하기도 한다. 이러한 방식 또한 자연과학의 중요한 연구 방법 중 하나이다.

두 가지 생물을 조합해 제3의 생물을 만들어 내거나 새로운 약품을 합성하거나 -270℃ 전후에서 물질이 어떻게 변하는지를 연구하는 일 등은 모두 인공적으로 만들어진 조건에서 자연계를 관찰하는 연구에 해당한다. 그리고 그것이 생물계이건 무생물계이건, 또는 우주 공간처럼 광대한 것을 대상으로 하는 경우이건 상관없이 자연과학이란 실제로 자연계가 이렇게 되어 있다는 사실을 실증적인 데이터를 바탕으로 제시하는 학문이라 할 수 있다. 그 때문에 과학자는 끊임없이 관측과 측정을 반복하며, 오차 없는 동시에 독창적인 실험 결과를 얻으려고 부단히 노력하는 것이다.

그런데 물리학은 다른 자연과학과는 약간 달라서 실험물리학과 이론물리학으로 뚜렷하게 구분된다. 왜 물리학만이 실험과 이론이 명확히 나뉘어 있는지를 생각해 보면 약간 기묘한 느낌이 든다. 실험물리학자는 무엇보다 정확한 측정 결과를 얻기 위해 밤낮으로 노력하고, 한편 이론물리학자는 현상에 의미를 부여하고 복잡한 계산을 수행하는 것만으로도 벅차서 직접 기구를 조작할 여유까지는 없는 것이 현실이 아닐까. 이처럼 분업 체계가 이토록 뚜렷하게 확립된 학문도 드물다. 그리고 아인슈타인은 이론물리학자였다.

그런데 노벨상 정도의 권위를 지닌 수상기관이라면 신중을 거듭하여 일을 처리해 나가지 않으면 안 된다. 스포츠의 기록이나 바둑, 장기처럼 승부가 분명한 것은 그 자리에서 수상 대상이 결정된다. 그러나 '학설'의 경우는 사정이 다르다. 한때는 훌륭한 학설로 인정받더라도 몇 년 또는 수십 년이 지나면 그 이론과 모순되는 실험 결과가 나타날 가능성을 완전히 배제할 수는 없다. 그렇게 되었을 때 "그 학설은 틀렸던 것이며, 당시 수상은 좀 속단이었다"라는 평가가 내려진다면 그것은 해당 기관으로서는 매우 큰 망신이 아닐 수 없다.

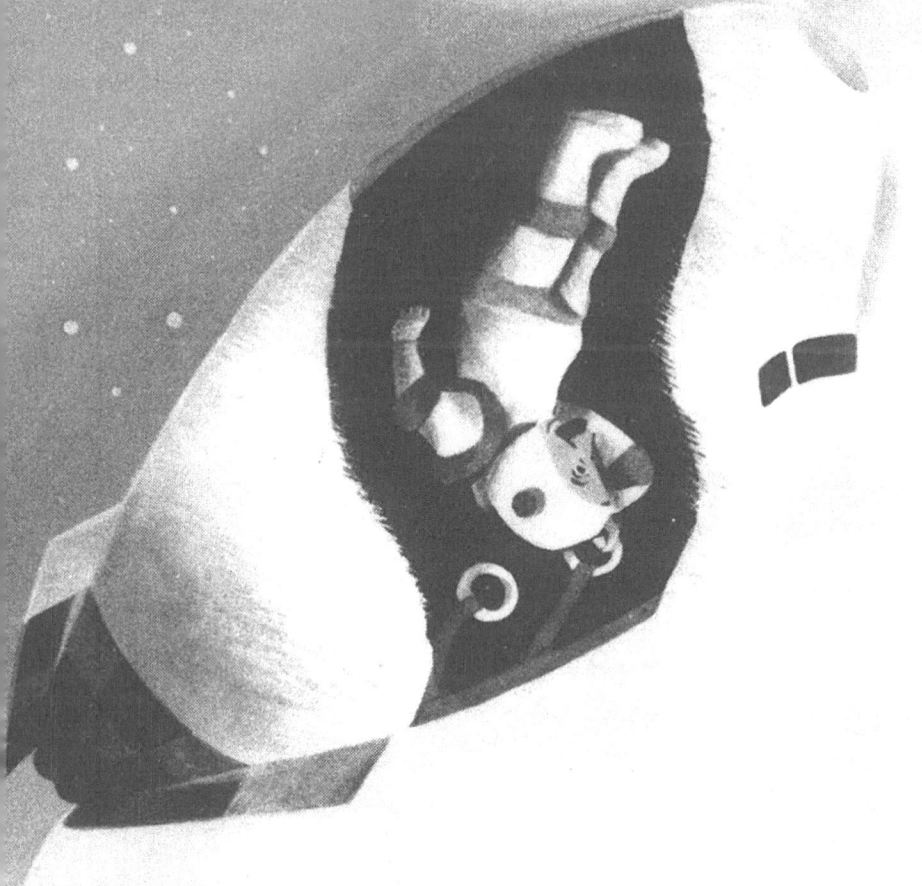

로켓이 급정거하면 내부에 있는 사람은 앞쪽으로 갑자기 내던져진다. 이것이 '겉보기 힘'이다. 아인슈타인은 이 '겉보기 힘'이 만유인력과 본질적으로 같은 것이라고 보았다.

이러한 의미에서 볼 때, 실험물리학 분야는 상대적으로 큰 문제가 되지 않는다. 장치의 오작동 같은 문제가 없는 한, 정밀한 측정을 통해 새로운 결과가 실증되면 이것은 곧 수상 대상으로 이어질 수 있다. 이를테면 네덜란드의 물리학자 오네스가 초저온 상태에서 액체헬륨을 만든 것이 1908년이며, 1911년에는 전기저항이 제로가 되는 이상 현상, 즉 초전도 현상을 발견했다. 그는 1913년에 노벨 물리학상을 수상했다. 앞에서 나치스의 협력자로 소개한 독일의 슈타르크는 1913년에 수소 원자에서 나오는 빛이 전계에 따라 서로 다른 파장을 띤다는 이른바 슈타르크 효과를 발견했고, 이에 대해 1919년에 노벨상을 수상했다.

미국의 물리학자 콤프턴(Arthur Holly Compton, 1892~1962년)이 X선을 원자에 충돌시켰을 때 산란된 X선의 파장이 입사한 X선보다 길어진다는 이른바 콤프턴 효과를 발견한 것은 1923년이며, 이에 대한 노벨상은 1927년에 수여되었다. 이처럼 실험물리학 분야는 대체로 발견 후 4~5년이면 완전한 평가를 받는 일이 많다.

이에 반해 이론물리학의 경우에는 사정이 다르다. 예를 들어 일본의 유가와 히데키(湯川秀樹, 1907~1981년)가 중간자이론(中間子理論)을 발표한 것은 1934년이었으며, 그에 대해 노벨 물리학상이 수여된 것은 1946년이었다. 또한 도모나가 신이치로(朝永振一郎, 1906~1979년)의 초다시간이론(超多時間理論)은 1943년에 발표되었고, 1947년에는 이를 바탕으로 한 재규격화이론(再規格化理論, renormalization theory)이 제창되었으나 노벨상은 1965년에 수여되었다. 이처럼 이론물리학에서는 하나의 이론이 제창된 뒤, 많은 학자들에 의해 그 설이 옳다는 것이 몇 번이나 반복되고, 실험물리학자들에 의해서도 그 설을 지지하는 사실이 다양한 방식으로 검증된 후에야 비로소 '확고한 이론'으로 인정받게 되는 것이다.

아인슈타인의 경우도 노벨상을 수상하기 전부터 그의 명성이나 상대성이론이라는 획기적인 학설은 이미 전 세계에 널리 알려져 있었다. 그리고 누구나 그가 노벨상을 받을 만한 충분한 업적을 지닌 학자라고 믿고 있었다. 업적의 평가와 시상 시기는 반드시 관계가 없다고 생각하는 것이 가장 타당하지 않을까.

죽으면 받을 수 없는 노벨상

조금 이야기가 옆길로 새는 듯하지만, 노벨상이 수여되는 시기와 관련해 흥미로운 에피소드가 있다. 영국의 물리학자 모즐리(Henry Gwyn Jeffreys Moseley, 1887~1915년)는 X선의 성질을 연구하던 중, 1913년에 모즐리의 법칙을 발견했다. 당시는 원자물리학이 막 시작되던 시기로, 이 법칙은 원자가 어떻게 구성되어 있는지, 특히 원자핵 주위의 전자가 어떤 상태로 되어 있는지를 밝히는 데 중요한 실마리를 주었다. 이는 중심에 작은 원자핵이 존재함을 실험적으로 검증한 영국의 러더퍼드의 업적과 나란히 언급될 만큼 뛰어난 발견이라 할 수 있다.

모즐리의 법칙이 제창된 이듬해에 불운하게도 제1차 세계대전이 시작되었다. 그리고 그 이듬해인 1915년에 모즐리는 종군하여 같은 해 8월 10일에 다르다넬스(Dardenelles) 전투에서 전사하고 말았다. 당시 그의 나이는 불과 27세였다. 노벨상은 원칙적으로 생존자에게만 수여되기 때문에 모즐리는 아깝게도 상을 받지 못했다. 노벨상 위원회는(그가 아직 젊다고 안심하고 있었는지 어떤지는 알 길이 없으나) 상을 수여하지 못한

채 기회를 놓치고 말았다.

또 다른 예로, 소련에는 란다우(L. F. Landau, 1908~1968년)라는 저명한 이론물리학자가 있었다. 그는 저온 상태에서의 액체헬륨, 반자성(反磁性) 이론, 그 밖의 통계역학(統計力學)을 기초로 한 많은 연구 업적을 남겼다. 당연히 노벨상 후보로 거론되고 있었는데, 1962년 1월 7일 그의 54번째 생일을 앞두고 교통사고를 당했다. 엄동설한의 모스크바 교외를 달리던 그의 승용차가 트럭과 충돌하면서 란다우는 생명을 위협받는 중상을 입었다. 수많은 의사가 투입되어 가까스로 생명은 건졌지만, 한동안 위독한 상태가 계속되었다. 그해 가을, 노벨상 위원회는 "액체헬륨에 대한 이론적 연구"를 높이 평가해 물리학상을 서둘러 수여했다. 란다우는 몇 달간 위독 상태를 기적적으로 넘긴 뒤 6년간 요양 생활을 이어갔고, 이후 많은 이들이 지켜보는 가운데 생을 마감했다.

수상 주제에 대한 의문

수상 시기가 그렇다 치더라도, 아인슈타인과 노벨상 사이의 관계에서 많은 사람들이 고개를 갸우뚱하게 되는 지점은 바로 수상 주제에 있다. 노벨상 수상의 대상이 상대성이론이 아니라 광전효과였기 때문이다. 이에 대해서는 여러 해석이 존재한다.

물론 광전효과 자체가 노벨상의 가치에 충분히 부합한다는 점은 이

견이 없다. 빛을 고전물리학에서처럼 단순한 파동이 아니라 에너지의 덩어리로 보지 않으면 금속에서 전자가 튀어나올 수 없다고 하는 사고방식은 물리학상의 획기적인 제안이다. 이른바 광양자설을 기초로 하여 물리학은 이후 양자론(量子論), 양자역학(量子力學) 나아가 소립자론(素粒子論)으로 발전해 나간다. 이처럼 광전효과 이론의 설정만으로도 충분히 높은 평가를 받을 만한 연구임에는 틀림없지만, 무엇보다도 사람들의 머릿속에는 여전히 '아인슈타인=상대성이론'이라는 도식이 깊이 새겨져 있다. 그런데도 왜 상대성이론이 수상 대상으로 되지 않았을까?

심사위원을 당혹케 한 상대성이론

상대성이론이 너무 어렵다는 이유로 심사 대상이 되지 않았다(또는 대상으로 할 수가 없었다)고 하는 것이 일반적으로 말하는 설(또는 소문?)이다. 너무 어려워서 심사위원의 판정 능력을 넘어선 것이 아니었느냐는 해석에는 일면 타당한 점도 있지만 여기서 말하는 '어렵다'는 의미에 대해서는 좀 더 분석해 볼 필요가 있다.

문외한이 상대성이론의 논문을 읽어보면 거기에 사용되어 있는 수식에 중력 텐서(tensor)나 크리스토펠(E. Christoffel, 1829~1900년)의 3지수 기호(三指數記號) 같은 낯선 기호가 등장해 매우 난해하게 느껴질 수 있다. 그러나 비유클리드기하학을 전공한 수학자들에 따르면, 이는 결코 어려운 수학이 아니라고 말한다. 초등학생이나 중학생에게는 삼각함수의 사인과 코사인, 또는 대수(對數)의 로그(log)가 난해하게 느껴지지만, 수학에 익숙한 고등학생에게는 별 문젯거리가 안 된다는 것이다.

4차원 시공간을 정확한 수학적 순서에 따라 전개해 나가면 아인슈타인의 식에 도달하게 된다. 특수기하학을 열심히 풀어나가면 상대성이론의 식은(전문적인 수학자에게는) 비교적 간단하게 도출될 수 있다. 수식 자체는 이끌어 낼 수 있지만, 핵심적인 문제는 "수학적으로 도출된 결과를 현실의 물리 공간에 적용해도 되는가?"라는 점이다. 수식을 충실히 따라가다 보면 길이가 바뀌거나 시간이 늘어나며, 나아가 우주 공간이 휘어져 있다는 결과에 이르게 된다. 정말로 그것이 가능한가, 그것이 사고의 본질적 핵심이다.

"아직까지 들어본 적이 없는 일에 판정을 내려도 되는가?"라는 그 판단이 어려운 것이다. 이와 같은 엄청난 사고방식을 "진실이다" 하고 단정해도 되는지 여부가 큰 문제인 것이다. 만약 이것이 수학이라는 이론 체계만을 다루는 학문이라면 그래도 된다. 괜찮을 뿐 아니라, 오히려 훌륭하고 더 나아가 예술적이라고 할 만큼 아름답게 완결된 학설로서, 즉시 위대한 업적으로 인정하는 데 주저함이 없을 것이다. 그러나 물리학에서는 이론이 아름답다는 사실보다 자연계가 실제로 그렇게 되어 있는가가 핵심인 것이다.

노벨상 선고위원을 비롯한 많은 물리학자들은 상대성이론의 탁월한 학문적 가치를 인정하면서도 이를 시상 대상으로 하는 일에는 지나치게 신중을 기했다. 특히 일반상대성이론을 실증하는 사실은 손에 꼽힐 정도로 제한적이었다. 상대성이론이 난해해 심사위원을 당혹하게 했다는 말은 바로 이러한 맥락에서 비롯된 것이다. 그러므로 내용을 이해하지 못해서 수상 대상에서 제외된 것이라기보다는, 이 이론이 너무도 획기적인 학설이었기 때문에 과연 기존의 물리학 이론들과 같은 기준으로 다뤄도 되는지를 두고 판단에 고심했던 것이다. 즉 그 판단이 어려웠다고 해석하는 것이 진실이 아니었을까.

이와 같은 사정으로 아인슈타인에게는 무난한 주제인 광전효과의 연구로 노벨 물리학상이 수여되었다. 다만 시상 명목은 "이론물리학의 여러 가지 연구, 특히 광전효과의 법칙의 발견"으로 정해졌다. 광전효과뿐만 아니라 그 앞에 이론물리학의 여러 가지 연구라고 덧붙인 데에 노벨상 위원회의 조심이 엿보인다. 상대성이론이 시상 대상에서 제외된 것은 앞서 말한 이유 때문이지만, 또 하나의 사실은 정치적인 배경도 있었다.

18

일본에서의 40일간

상대성이론으로 수상하지 못한 또 하나의 이유

상대성이론이라는 엄청난 학설을 발표해 세상을 놀라게 한 학자가 있다는군. 그런 이교도(異敎徒)는 일찌감치 매장하고, 허튼 내용을 담은 책은 모조로 불태워 버려야 한다는 주장은 아인슈타인이 노벨상을 받기 전부터 있었다. 시대착오적인 운동이 20세기의 시대에도 존재한다는 것은 우리로서는 약간 이해하기 힘든 일이지만, 종교상의 차이는 어쩔 수 없는 것으로 반유대주의가 그대로 반(反)상대론 운동으로 이어져 나갔다. 1910년대 독일은 물론 영국, 프랑스, 기타 유럽 여러 나라에서 일부 과격분자들 사이에서 이러한 경향이 나타났다.

반상대론을 외치는 사람들 대부분은 상대성이론의 내용을 전혀 알지 못하면서 소수의 선동자에게 휘둘려 평소의 유대인 혐오감에서 비롯된 울분을 상대성이론에 퍼부었다고 보는 것이 타당할 것이다. 물론 대다수 학자와 뜻있는 이들은 아인슈타인의 업적에 찬사와 존경의 마음을 아끼지 않았으나 정치가, 종교가, 사상가들 중에는 노골적으로 반대 성명을 발표한 사람도 있었다. 아인슈타인에게는 찬사와 격려의 편지가 수없이 날아들었지만, 한편으로는 협박 편지도 함께 도착했다.

이런 까닭으로 1920년대 말에는 상대성이론은 순수한 학문적 영역을 벗어나 사회문제이자 정치적인 논쟁의 대상으로 떠오르게 되었다. 사회학이나 경제학이라면 하나의 학설을 둘러싸고 학회를 넘어 사회 속에서 토론이 이루어질 수도 있겠지만, 자연과학의 연구 성과가 사회문제로 된 것은 17세기 갈릴레이(G. Galilei, 1564~1642년) 이래 처음 있는 일이 아니었을까.

여기서 곤란한 입장에 처하게 된 것은 스웨덴 과학아카데미의 노벨상 위원회였다. 위원들은 아인슈타인의 위대함을 충분히 인식하고 있었다. 그렇다고 해서 상대성이론에 상을 수여하게 되면 대립하는 한쪽 편을 들게 되어 정치 논쟁 속에 휘말릴 것이 분명했다. 그래서 여러 가지로 고심한 끝에 선택한 것이 바로 광전효과였다. 이것이면 순수한 학문 분야에 속하고, 논쟁의 씨앗이 될 가능성도 없다. 상대성이론 대신 광전효과로 수상 이유를 정한 것은 "상대성이론은 난해하다"는 이유뿐 아니라, 스웨덴 과학아카데미가 내린 하나의 지혜로운 판단이기도 했던 것이다.

노벨상을 받은 사람은 자신의 연구를 널리 알리고, 전공이 다른 사람들, 이를테면 언론계 종사자, 일반 문화인, 지식인, 정치인 등과도 직접 회견하기 위해 세계 각지를 두루 여행하는 것이 관습이다. 물론 각국 사람들은 국제적으로 저명한 학자를 최고급의 대우로 맞이한다.

그리하여 아인슈타인은 1922년 늦가을에 일부러 극동의 일본을 방문했다. 그는 수상 기념으로 당시에는 신비의 베일에 가려 있던 동방의 땅으로 여행을 떠난 것이라고 생각하고 싶지만 실제로는 그 순서가 반대였다.

정확을 기하기 위해 덧붙이자면, 아인슈타인은 1921년에 노벨 물리학상을 수상했다. 현재는 노벨상 수상자가 해마다 가을에 스웨덴에서 발표되고, 수상자들은 곧 스톡홀름으로 향하는 게 관례다(단, 평화상은 노르웨이 오슬로에서 시상한다). 이것이 본래의 전통이지만, 때에 따라서는 시상이 그러한 방식대로 원활하게 이루어지지 않는 일도 있다.

극단적인 예로, 독일의 방사선 화학자 오토 한(Otto Hahn)을 들 수 있다. 그는 원자핵 분열의 발견으로 노벨 화학상을 수상했는데, 수상 연도는 1944년으로 되어 있다. 이 시기에 독일에서 발트해를 가로질러 연합군의 폭격을 피해 스웨덴에 갈 수 있었을까? 더욱이 원자폭탄 개발의 기초를 쌓은 이 발견자에게(원자폭탄을 비밀리에 제조하고 있는 나라도 있는 이 시기에) 노벨상 수상 같은 일은 생각할 겨를조차 없었을 것이다. 실제로는 종전 후 상당한 시기가 지난 뒤에, 수상 연도를 소급해 한에게 노벨상을 수여한 것이며, 이에 대해서는 뒤에서 자세히 언급할 기회가 있을 것이다.

아인슈타인도 시상이 내정된 후 1년이나 뒤늦게야 실제로 상을 받았다. 그 이유는 아마도 상대성이론이라는 지나치게 획기적인 업적이 끊임없이 논란의 대상이 되었던 점, 스웨덴 과학아카데미의 정치적 배려 등이 복합적으로 작용했기 때문일 것이다.

시상을 위한 사전 준비는 어느 정도 있었던 것으로 보이나, 아인슈타인은 노벨상의 수상 소식을 듣기 전부터 이미 극동으로의 여행을 결심하고 있었다. 상대성이론의 좋은 이해자였던 일본의 도호쿠(東北)대학교의 이론물리학자 이시와라 준(石原純, 1881~1947년) 교수와 교토(京都)대학교의 철학자 니시다(西田幾多郎, 1870~1945년) 교수 등이 힘써 잡지『개조(改造)』의 출판사 사장이던 야마모토(山本寬) 씨의 주선으로 이 국제적인 학자를 일본에 초청하게 되었다. 민간인의 힘으로 이 같은 초빙이 실현되었다는 것은 특기할 만한 일이었다.

아인슈타인 자신도 일본에 대해 큰 흥미를 가지고 있었겠지만 한편으로는 유대인 문제 등으로부터 완전히 벗어나 있는 일본에서 잠시 휴식을 취하고 싶었던 것이 아니었을까. 그리고 이 작은 그의 희망은 결코 배반당하지 않았다. 베를린에서 암살의 공포에 시달리고 있었던 그는 낯선 동양 땅에서 따듯한 대접을 받았다. 적어도 유대인에 대해서는 조금도 차별 의식이 없는 일본인들 사이에서 그는 지금까지 한 번도 경험하지 못했던 안정된 시간을 보낼 수 있었다.

드디어 일본으로

1920년대 유럽에서 동양으로 향하는 항로는 대부분 프랑스 마르세유(Marseille)까지 기차로 이동한 뒤, 그곳에서 배를 타는 것이 일반적이었다. 아인슈타인도 1922년 10월 8일에 부인과 함께 일본 우선(日本郵船)의 기타노호(北野號)에 승선했다. 홍해를 지나 인도양을 횡단하던 중, 배가 싱가포르 근처 해역을 항해하고 있던 11월 10일에 스웨덴 과학아카데미로부터 아인슈타인에게 1921년도 노벨 물리학상이 수여된다는 발표가 있었다. 이 소식은 곧 무선전신으로 기타노호에 전달되었고, 선장을 비롯한 승무원과 승객들은 모조리 축하 인사를 전했다.

다만 이 시점에서 시상의 주제가 상대성이론이 아니라 광전효과였다는 아인슈타인을 둘러싼 사람들이 제대로 이해하고 있었는지 의문이다. 즉, 아인슈타인이 상대성이론으로 노벨상을 받았을 것이라고 믿는 사람들의 확신은 일본 체류 기간 동안은 물론 그후 오랫동안 (그리고 현재에 이르기까지) 계속되고 있다.

11월 14일 상해(上海)를 출발한 기타노호는 이달 17일, 일본의 고베(神戶)에 입항했다. 고베항에는 이시와라 준, 야마모토 히로시 씨 외에 물리학의 나가오카 한타로(長岡半太郎, 1865~1950년) 교수와 과학사(科學史)로 알려진 구와키(桑木或雄, 1878~1945년) 씨 등 많은 이들이 마중을 나와 있었다. 물론 수많은 언론 관계자들도 몰려와, 세계적인 학자의 사진을 누구보다 먼저 신문 지면에 실으려고 앞다퉈 움직였다.

부부는 고베의 산노미야(三之宮)역에서 열차로 교토로 향했으며, 이 고도에서 일본에서의 첫날밤을 보냈다. 그리스 태생의 영국인으로 일본에 와서 귀화한 영문학 교수 고이즈미 야쿠모(小泉八雲, 본명은 Lafcadio Hearn 1850~1904년)의 저서를 통해 일본의 풍물을 어느 정도 상상하고 있었지만, 실제로 접한 교토의 차분한 분위기는 부부를 완전히 매혹시켰다. 이튿날인 18일 밤 부부는 특급열차를 타고 도쿄로 향했다. 이날 도쿄역의 개찰구는 이 저명한 학자를 직접 보려는 수천 명의 군중으로 가득 메워졌다.

도쿄에 도착한 이튿날부터 아인슈타인의 강연회는 시작되었다. 19일 오후 게이오(慶應) 대학 강당에서 열린 강연은 1시 30분부터 4시 30분까지가 특수상대성이론에 관한 것이었고, 1시간 휴식 후인 5시 30분부터 7시 30분까지는 일반상대성이론을 주제로 진행되었다. 총 5시간에 걸친 장시간의 강연이었다. 통역은 이시와라 준 교수가 맡았으며, 모여든 2,000여 청중은 이 긴 시간 동안 꼼짝도 하지 않고 경청했다고 전해진다. 비전문가도 이해할 수 있도록 아인슈타인이 쉽게 설명했고, 이시와라 교수가 이를 쉬운 말로 번역해서 듣는 사람들을 충분히 만족시켰다.

그 후 12월 29일 일본을 떠날 때까지의 40일간 그의 일정은 매우 빡빡했다. 며칠 동안 도쿄대학교 이학부에서 강의를 했으며, 12월 2일에는 센다이(仙台)로 이동해 강연을 진행했고, 4일에는 닛코(日光)에 머물렀다. 이곳에서 비로소 이틀간의 휴식을 취할 수 있었다. 12월 8일에는 다시 나고야(名古屋), 10일에는 교토, 11일에는 오사카(大阪), 13일에는 고베에서 일반 대중을 대상으로 강연을 열었다. 그 후 잠시 간사이(關西) 지방의 나라(奈良)와 미야지마(宮島) 등지에서 휴양을 취했으나 12월 23일에는 규슈(九州)로 이동해 후쿠오카(福岡)와 모지(門司) 등에서 강연을 이어갔다.

물론 이 기간 동안에도, 특히 야간에는 환영회, 초대회, 간담회, 위로회 등 여러 행사에 끊임없이 초대받았다. 위로회를 명목으로, 결국은 초대자 측에서 연설을 요청하는 일본 특유의 관습을 아인슈타인이 어떻게 느꼈을지는 알 수 없다. 그러나 어떤 모임이건 그 자리에 참석한 이상, 그는 사교상의 예절을 철저히 지녔다. 다만 호텔 방에 들어간 뒤에는 일체의 면회를 사절했다고 전해진다.

베를린으로 돌아가는 아인슈타인

이처럼 바쁜 일정을 소화한 뒤, 아인슈타인은 1922년 연말 일본의 기선 하루나호(榛名號)를 타고 일본을 떠났다. 그의 일본 체류는 일본 사회에 큰 영향을 미쳤다. 물리학, 수학, 철학 등 학문 분야에 새로운 활력을 불어넣은 것은 물론이고, 그보다 더 깊은 차원의 영향도 남겼다.

간토(關東)대지진의 재해 직전을 경계로 일본에는 상대성이론 열풍이 불기 시작했는데, 현재의 풍조로 미루어 보더라도 이는 충분히 상상할 수 있는 일이다. 재계와 정계는 물론, 황족(皇族)들까지도 물리학자를 초빙해 상대성이론에 대한 해설과 강연을 의뢰할 정도였다. 종합잡지에는 상대성이론에 대한 해설뿐만 아니라, 그 사상적 의미와 관련된 다양한 논평이 여러 분야에서 다양한 각도로 전개되고 게재되었다.

종합잡지뿐만 아니라 소년·소녀 잡지에서도 앞다퉈 상대성이론에 관한 기사와 읽을거리를 실었다. 『아인슈타인에 대해서』, 『쉽게 이해하는 상대성이론』 등과 같은 책들이 대량으로 출판되었다. 그 결과 내용은 알지 못하더라도 상대성이론과 아인슈타인의 이름은 널리 일본인 사회에 스며들었다. 오늘날도 많은 사람들이 그의 이름을 순수한 학문적 의미로 기억하고 있는 것은, 그 당시에 일었던 열풍의 여운이 어느 정도 남아 있기 때문이라고 풀이해도 좋을 것이다.

쾌적했던 일본에서의 40일간의 생활을 마친 후, 아인슈타인을 태운 배는 왔던 항로를 거슬러 인도양을 지나 홍해로 들어갔다. 수에즈 운하를 빠져 지중해로 나왔을 무렵, 지중해 동쪽 끝에는 성지 예루살렘(Jerusalem)이 있다. 이 도시를 중심으로 한 팔레스타인 지역에는 유대인 국가가 세워질 예정이었다. 그러나 아랍 민족과의 갈등 등 복잡한 정치적 이유 때문에 유대인이 정착할 장소는 아직 마련되지 못한 상태였다.

아인슈타인은 일본 방문 직후인 1923년에 이 팔레스타인을 방문했다. 당시 유대 국가를 건설하라는 시온주의 운동은 거세었고, 더욱이 운동가들은 서로 파벌을 형성해 다투고 있었다. 각 파벌은 저명한 아인슈타인을 자신들의 편으로 끌어들이려 했다. 시온주의 운동 자체에는 열심이었던 그도 파벌 간의 끊임없는 다툼에는 진절머리를 느껴 결국 이 운동을 멀리서 지켜보게 되었다. 그가 방문한 이 팔레스타인 땅에 유대인 국가 이스라엘이 세워진 것은 그의 방문 후 약 25년이 지난 1948년의 일이었다. 그러나 건국 이후에도 이스라엘과 주변 아랍 여러

나라들 사이의 긴장 상태는 끊이지 않는다.

　같은 1923년에 아인슈타인은 스페인도 방문했다. 라틴계 국가들은 정치적으로 다소 불안하기도 했으나 독일이나 영국과는 또 다른 분위기 속에서 그는 비교적 한가로운 나날을 보냈을 것이다. 민족 문제로 인한 번거로움에서 벗어나 오직 연구에만 전념할 수 있기를 바라는 것이 그의 소원이기도 했다. 그가 대학교수로 재직 중이던 베를린으로 돌아온 것은 1924년, 그가 45세 되던 해였다.

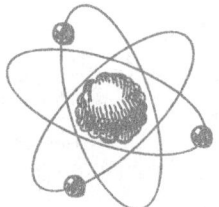

19

다가오는 어두운 날

노벨상과 그 후

 노벨상과 함께 수여되는 상금은 알프레드 노벨이 남긴 기금 3,200만 크로나를 노벨 재단이 관리하며 그 이자로 지급된다. 상금은 모든 부문에 평등하게 배분되지만, 한 부문에서 수상자가 복수일 경우에는 다시 인원수에 따라 분배된다. 해당 연도의 이자율이나 환율 변동에 따라 금액은 달라지므로 정확한 액수를 단정할 수는 없지만, 일반적으로 상당한 규모의 상금이 수여된다.

 물론 이 상금은 수상자가 어떻게 사용하든 상관없다. 꼭 연구를 위한 지원금이라는 의미는 아니다. 이 상금을 젊은 과학자들을 키우는 데 쓰는 사람도 있고, 교육이나 연구 시설에 기부하는 경우도 많다. 그러나 노벨상 상금이라고 해서 반드시 반드시 청교도주의(Puritanism)를 실천할 필요는 없다. 자신의 생활비로 사용해도 무방하며, 주식을 사서 이자를 기대하는 것도 하나의 방법일 수 있다.

 아인슈타인은 이 상금을 첫 부인 밀레바와 두 아들의 생활비를 위해 사용했다. 당시의 화폐가치가 높았다고는 하나 결코 훌륭한 저택을 살

만한 금액은 아니었다.

 노벨상을 받은 학자는 스웨덴에서의 수상 강연 후 세계 각지를 순회하며 강연회와 간담회를 여는 것이 일반적인 관례였다. 다만 아인슈타인의 경우, 그의 명성은 이미 수상하기 전부터 널리 알려져 있었고, 여러 나라에서 초청이 이어지고 있었다. 그는 극동을 향하던 중, 일본으로 가는 배 위에서 노벨상 수상 통보를 받은 것이다.

 그 후에도 그는 스페인, 체코슬로바키아는 물론, 멀리 남아메리카 여러 나라에까지 강연을 위해 초청되었다. 유럽으로 돌아온 뒤에는 스위스 취리히에서 다시 여행을 준비하곤 했는데, 반유대주의 분위기가 짙은 독일보다는 자신이 시민권을 가진 스위스 쪽이 훨씬 마음 편하게 느껴졌던 것으로 보인다.

 그러나 그는 엄연한 베를린대학교의 교수였다. 세계 각지에서 쏟아지는 초청 요청으로 바쁘긴 했지만, 언제까지고 직장을 비워둘 수는 없었다. 결국 1924년, 45세 되던 해부터 그는 다시 베를린에서 본격적인 연구 활동을 시작했다.

그다음에 아인슈타인이 노린 것

 특수상대성이론을 수립하고 일반상대성이론을 완성한 이후, 아인슈타인이 새롭게 집중한 연구 주제는 무엇이었을까? 상대성이론을 기반으로 출발한 우주물리학이라는 커다란 연구 분야가 존재하지만, 상대성이론을 곧바로 우주론과 동일시하는 것은 다소 적절하지 않다.

상대성이론이란 시간, 공간, 질량의 상호관계를 정교한 수식으로 정리한 이론 형식이다. 시간과 공간은 반드시 고정된 불변의 길이를 지니는 것이 아니며, 질량은 시공간의 휘어짐을 일으키는 요인이 된다. 이 이론을 더욱 발전시켜 나가면 급속하게 가속하는 질량은 중력파를 방출하게 된다. 그리고 더 방대한 질량이 아주 작은 공간에 응축되어 있는 경우를 가정한다면, 그로부터는 빛조차도 빠져나올 수 없다. 다시 말해 모든 것을 삼켜버리는 특수한 구멍이 될 수밖에 없는 것이다.

상대성이론이란 이와 같은 이론의 '과정'을 가르치는 것이다. 이에 반해 우주론 또는 우주물리학은, 우리가 살아가고 있는 이 현실의 우주가 과연 어떤 구조와 성질을 지니고 있는지를 조사해 나가는 학문이다. 예를 들어 대은하계 내부는 어떤 상태로 이루어져 있는가? 그 안에는 이질적인 무언가가 존재하지 않는가? 준성[準星, 퀘사(quasar)라고도 불린다. 수십억 광년 떨어진 거리에서도 지구에서 관측 가능한 밝기를 가진 별 모양의 천체]의 정체는 무엇인가? 나아가 우주의 전체적인 구조는 어떻게 되어 있는가 등, 이러한 주제를 탐구하는 것이 바로 우주론이다.

이러한 연구에는 대규모 관측 장치가 필요하며 전파망원경과 엑스선 망원경 등이 개발된 1960년대부터 1970년대에 걸쳐 우주물리학은 크게 진보하게 되었다.

이론물리학자인 아인슈타인은 전자기학에 관심을 돌렸다. 당시의 빈약한 천체 관측 장치로 우주를 조사한다는 반실험적인 방향으로는 나가지 않고 자신이 완성한 상대성이론을 전자기이론과 결합시켜 더욱 보편적인 기초이론을 확립하겠다는 것을 목표로 삼았다.

통일장이론을 향하여

특수상대성이론과 일반상대성이론은 본래 역학에서 출발한 학문이다. 그런데 역학과 전자기학을 비교해 보면 너무도 유사한 점이 많다. 뉴턴의 만유인력 법칙과 쿨롱(C. A. Coulomb, 1736~1806년)의 법칙(전기 사이의 힘에 관한 법칙)은 후자에만 인력과 척력이라는 두 가지 상반된 작용이 있다는 차이가 있을 뿐, 수식의 형태는 매우 유사하다. 특히 '장'이라는 개념에서 보자면, 중력과 전자기력 모두 본질적으로 같은 방식으로 이해될 수 있다.

질량이 존재하는 주위는 중력장으로 되어 있다. 그것은 '거기'에 질량을 가져왔을 때 그 질량에 힘이 작용하는 특수한 공간이다. 마찬가지로 전기가 존재하는 주위는 전기장(電氣場, 고전 전자기학에서는 전계라고 한다)으로 이루어져 있다. '거기'에 전기(전하라고 부르는 편이 옳을 것이다)를 가져왔을 때 그것에 힘이 작용한다. 이 역시 장이라고 불리는 특수한 공간이다. 전기가 움직일 경우, 다시 말해 전류가 흐르는 주변에는 자기장[磁氣場, 또는 자계(磁界)]도 발생한다. 아인슈타인은 이러한 유사한 현상들을 하나의 기본 개념, 하나의 기초방정식으로부터 만들어 낼 수는 없을까 하고 고민했다.

현상론(現象論)적으로 말하자면, 겉보기에 전혀 다른 성질을 지닌 것처럼 보이는 현상이라도, 그 이면에서는 서로 깊이 연결되어 있으며 같은 기반에서 파생된 것이라고 설명해 나가는 것이 자연과학, 특히 물리학의 가장 중요한 연구 과제 중 하나이다. 중력장과 전자기장을 동시에 도입한 공간(당연히 시간도 포함해서)에 대한 연구는 통일장(統一場) 이론이라 불리며 이것이 결국 아인슈타인의 일생을 바쳐 몰두한 연구 과제가 되었다.

이 연구에는 많은 수학자들이 협력했다. 취리히 공과대학 시절의 스승 민코프스키는 당시 독일의 괴팅겐대학교로 자리를 옮겨 있었으나 옛 제자에게 여러 가지 조언을 아끼지 않았다. 같은 괴팅겐대학교의 유명한 수학자 힐베르트(D. Hilbert, 1862~1943년)도 4차원 공간의 기하학에 깊은 관심을 보였으며, 아인슈타인의 물리학이 완성되는 과정을 지켜본 인물 중 한 사람이었다.

특수상대성이론에서 일반상대성이론으로 그리고 다시 통일장이론으로 발전해 나가는 과정에 의문을 제기하는 사람은 없었다. 1920년대가 저물 무렵 저널리스트들은 아인슈타인의 세 번째 논문이 발표되기를 학수고대하고 있었다. 그러나 실제로는 세 번째 논문은 불발로 끝났다고 말하는 것이 나을 것이다. 확실히 1929년의 50세 생일을 맞아 프로이센의 과학아카데미 기요(紀要)에 통일장이론이 발표되기는 했지만, 중력장과 전자기장을 통일적인 기초로 묶기엔 아직도 거리가 멀었다.

그런데 이 통일장이론은 현재도 미완성 상태이며, 중력장과 전자기장뿐 아니라 약한 상호작용과 강한 상호작용까지 포함하는 이론으로 발전하고 있다. 이른바 대통이장이론을 향해 오늘날의 소립자 물리학 연구자들은 끊임없이 정력적으로 노력하고 있다.

암살의 위험

학자로서 아인슈타인의 명성은 최고 수준이었지만, 베를린에서 그의 신변은 결코 평온하지 않았다. 1922년 6월 24일에 독일 외무장관 라테나우(W. Rathenau, 1867~1922년)가 과격파에게 암살되었다. 그는 유대인이며 국제주의자이기도 했다.

아인슈타인의 집에도 여러 차례 협박 편지가 날아들었다. 이제는 더 웃고만 지낼 수는 없게 되었다. 언제 외무장관과 같은 운명을 밟게 될지 모를 일이었다. 그 때문에 대중 앞에서의 강연은 자주 취소되었고 때로는 다른 사람에게 원고를 읽어 달라고 부탁하는 일도 있었다. X선에 의한 반점(斑點)으로 유명한 폰 라우에(Max Theodor Felix von Laue, 1879~1960년)도 아인슈타인을 대신해 원고를 낭독한 사람 중 한 명이다.

일반 대중뿐 아니라 일부 학자들도 아인슈타인의 강연을 방해하며, 상대성이론을 악마의 이론이라 부르기까지 했다. 그 선봉에 섰던 인물이 앞서 언급한 반유대주의 성향의 물리학자 레나르트였다. 1922년 이후 그의 행동에는 눈살을 찌푸리게 하는 점이 많았지만, 왜 이처럼 유능한 학자가 비상식적인 행동으로 치달았는지를 두고, 그를 잘 아는 사람은 이렇게 말한다.

레나르트는 1922년에 가장 사랑하던 막내아이를 잃었다. 아이가 세상을 떠난 것은 제1차 세계대전 전후의 영양실조 때문으로, 거의 확실한 사실로 여겨진다. 그런데 그는 독일이 전쟁에서 패하고 식량이 부족해진 책임을 결국 유대인 탓으로 돌리는, 상식적으로는 도저히 납득할 수 없는 주장을 하기에 이른다.

또한 레나르트는 자기가 소유하고 있던 귀금속을 전쟁을 위한 헌납이라는 명목으로 정부에 바치고, 대신 국가 채권을 받았다. 노벨상의 상금도(1905년도 수상) 보관해 두었으나 이것도 국채로 바꾸었다. 그런데 전쟁에서의 패전으로 인해 국채는 휴지조각이 되고 말았다. 레나르트가 분노와 혼란에 휩싸이게 된 것도 무리는 아니었다. 이후의 극심한 인플레이션으로 인한 고통 역시, 그는 사기꾼 유대인에 의해 조종된 바이마르(Weimar) 정부의 책임이라고 여기게 되었고, 유대인에 대한 증오가 결국 아인슈타인에 대한 반감으로까지 이어진 것으로 보인다.

1922년경에는 그래도 레나르트의 유치한 주장에 동조하지 않는 사람들이 많았고, 그로 인해 레나르트 자신이 고립된 흔적도 보인다. 같은 해 6월 27일 독일에서는 암살당한 외무장관 라테나우의 장례가 거행되었고, 전 국민이 애도를 표했다. 그런데 하이델베르크대학교의 레나르트 연구실에서는 반기조차 게양하지 않았다. 독일 국민을 해친 유대인 외무장관은 죽어 마땅하다는 것이었다.

대학 당국은 하루 종일 레나르트를 설득하려 했지만, 그는 승복하지 않았다. 마침내 사회민주주의에 속하는 학생단이 대거 모여 물리학과 건물을 향해 행진을 시작했다. 군중이 창가로 몰려가 교수에게 나오라고 외쳐대자 갑자기 2층에서 호스로 물이 뿌려졌고, 군중은 온몸에 함빡 물을 덮어썼다. 격노한 군중은 연구실로 돌입해 교수를 조합의 홀로 연행하여 비난을 퍼부었다. 그중에는 "강물에 던져 버려!" 하고 외치는 이들도 있었다.

얼마 후 경찰관이 출동하고, 이어서 지방 검사도 현장에 나타나 소동은 일단 수습되었다. 그러나 레나르트 교수는 노벨상 수상자인 자신이 왜 이 같은 일을 당해야 하는지를 끝내 이해하지 못했다고 전해진다.

결국 그는 정해진 장삿날에 당국의 포고를 따르지 않았다는 이유로 대학 평의회로부터 일정 기간 연구실 출입을 금지당했다. 그러나 세상에는 적이 있으면 편도 있기 마련이어서, 교수에게 동정적인 학생들이 600명의 서명을 모아 연구실 출입 금지 해제를 탄원했고, 그의 연구 생활은 원상으로 돌아갔다.

당연한 일로 레나르트 교수와 우익 학생들 간의 결속은 더욱 강화되었다. 우익이라고는 하나 이는 각종 단체의 집합이며 당시의 나치스 따위는 한낱 군소정당에 불과했다. 이러한 경위를 거쳐 반유대주의 성향의 물리학자는 이윽고 히틀러 정권의 지지자가 되어 아인슈타인을 비롯한 학자들을 추방하는 모의를 하게 된다.

20

보어와 아인슈타인

암살 미수자에게 넣어준 내의

독일 국내에 "아리아(Arya) 인종이야말로 가장 우수한 민족이며, 다른 민족은 오직 이를 위해 봉사하기 위해 살고 있다"라는 사상이 퍼지기 시작했을 무렵, 아인슈타인의 상대성이론에 대해서도 '유대인의 물리학', '사종(邪宗)의 과학'이라는 낙인을 찍으려는 이들이 나타났다. 또한 물리학을 '아리아적 물리학'과 '비(非)아리아적 물리학'으로 구분하는 이들도 있었다. 케플러, 뉴턴, 패러데이 등은 전자에 속하며, 후자의 대표로는 아인슈타인과 그의 '사악한 학설'이라고 불린 상대성이론이 지목되었다.

레나르트와 슈타르크는 예외적인 경우였으며, 과학자 중에서 그들과 같은 생각을 가진 이는 거의 없었다. 그러나 과학을 전혀 모르면서 단순히 사상이니 이데올로기니 하며 떠들고 돌아다니는 사람들 중에는, 광신적인 아리아주의를 주장하는 이들도 적지 않았다.

학문적인 이유뿐만 아니라 아인슈타인 자신도 실제로 목숨을 잃을 뻔한 일이 있었다. 한 번은 정신이 온전히 않은 한 여성이 베를린에 있는 그의 아파트 복도에 숨어 있다가, 아인슈타인을 해치려다 들킬 뻔한 사건이 있었다. 다행히 의붓딸 마르고트가 이를 발견해 경찰에 신고했고, 여성은 곧 체포되었다. 연행되어 조사한 결과, 이 여성은 프랑스의 정신병원에서 탈출한 뒤 아인슈타인을 암살할 목적으로 접근한 것으로 밝혀졌다. 그녀는 아인슈타인이 한때 자신의 애인이었으며, 자신을 버린 남자라고 굳게 믿고 있었다.

자세히 심문한 결과, 그녀가 노린 인물은 제정 러시아와 혁명 러시아 사이에서 이중간첩을 하던 한 남성이었으며, 아인슈타인을 그 인물과 착각한 것으로 드러났다. 이런 사실을 알게 된 아인슈타인은 유치장에 수감된 암살 미수자에게 속옷 등을 보내주었다고 한다.

코펜하겐에 핀 꽃

상대성이론이 물리학의 기본적인 사고방식에 근본적인 개혁을 가져온 시기는 1905년부터 1920년대까지다. 이보다 약간 늦게 또 하나의 획기적인 변화가 물리학에서 일어났다. 이른바 양자론 또는 그 내용을 정밀하게 기술하는 수학적 수법인 양자역학이다. 20세기 물리학의 두 가지 큰 혁신을 꼽으라면, 누구나 주저 없이 상대성이론과 양자론이라고 대답할 것이다. 다만 전자가 아인슈타인 한 사람의 연구에 의해 완성된 데 비해, 후자는 수많은 저명한 물리학자들이 여러 분야에서 다양

보어는 물질의 존재나 그 상태가 처음부터 확률적인 의미만을 가진다고 주장했다. 이에 대해 아인슈타인은 신이 입자의 위치를 결정하는 데 주사위 놀이에 의존한다는 식의 생각은 도저히 믿을 수 없다고 반론했다.

한 방식으로 쌓아올린 성과라는 점에서 차이가 있다.

상대성이론은 공간과 시간을 문제로 하므로 일반적으로는 우주 공간이라는 광대한 대상물을 상대로 한다. 한편 양자론은 원자보다도 더 작은 것, 원자핵이나 전자와 같은 극미의 세계에서 출발했다. 이후 전자와 빛 사이의 상호작용(이를테면 전자가 빛을 방출하거나 흡수하는 일)에

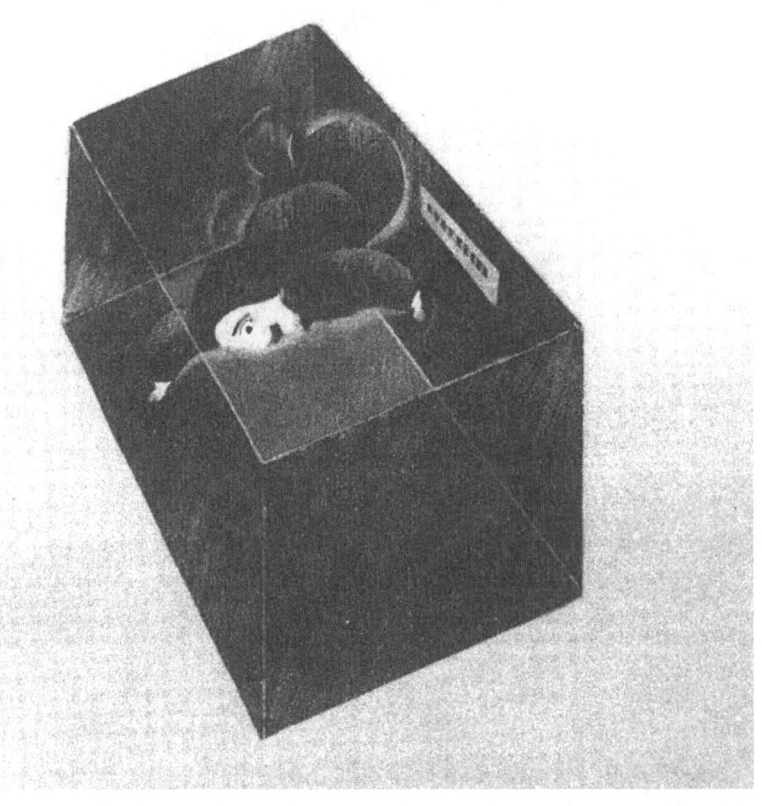

상대성이론의 사고방식을 적용하지 않으면 안 된다는 사실이 밝혀졌다. 그러나 그것은 양자역학이 완성되어 소립자(물질을 구성하는 최소 입자) 연구에 접어든 뒤의 이야기다.

그렇다면 양자론이란 무엇인가? 한마디로 설명하라고 하면 다소 대답이 막힐 수 있다. 굳이 정의하자면, 고전물리학에서는 물질은 물론

엘리베이터에 아래쪽으로 초당 9.8m의 가속도를 걸어준다면 상자 안에서는 질량은 존재하지만 중력을 느낄 수 없다. 반면 위쪽으로 초당 9.8m의 가속도를 걸어준다면(아래쪽으로 감속해도 같다) 60kg의 무게인 사람은 120kg의 무게를 느끼게 된다.

20. 보어와 아인슈타인

전기나 에너지(이를테면 광에너지) 등 자연현상의 대상들을 모두 연속체로 간주했다. 그러나 실제로는 그렇지 않고, 이 모두가 이산적(띄엄띄엄한 상태)이라고 단언한 것이 양자론이라고 할 수 있다. 다만 이 정의를 지나치게 확장해 해석하면 원자나 분자의 존재를 인정하는 것이 곧 양자론이라는 주장도 가능하겠지만, 보통은 20세기에 들어 에너지의 띄엄띄엄함(이산성)을 제창한 것이 양자론의 시작이라고 보는 것이 타당하다.

1900년에는 플랑크가 흑체복사(黑體輻射)를 설명하는 공식을 제안했고, 1905년에는 아인슈타인이 광양자설(光量子說)을 제창했다. 즉, 아인슈타인은 20세기 물리학의 두 가지 큰 혁신 모두에 깊이 관여한 인물이었다.

빛도 관측 방법에 따라 입자로 보일 수 있다는 광양자설을 바탕으로, 원자 구조에 대한 해명이 급속히 진전되었다. 1911년부터 1913년에 걸쳐 영국의 러더퍼드는 실험을 통해 원자의 중심핵과 그 주위를 도는 전자의 상태를 밝혔냈다. 이에 보어(N. Bohr, 1885~1962년)는 수식에 어떤 조건을 첨가하면 실제의 원자 그대로의 정확한 값을 얻을 수 있다는 사실을 분명히 했다.

보어는 1916년에 코펜하겐(Copenhagen)대학교의 이론물리학의 교수로 임명되었고, 이 강좌에 부속된 연구소를 1921년에 설립했다. 이후 전국 각지에서 젊은 연구자들이 이곳으로 모여들었으며, 1920년대에는 이 연구소가 이론물리학의 메카가 되었다. 독일의 하이젠베르크(Werner Karl Heisenberg, 1901~1976년) 영국의 디랙(Paul Adrien Maurice

Dirac, 1902~1984년), 스위스의 파울리(Wolfgang Ernst Pauli , 1900~1958년), 일본의 니시나 요시오(仁科芳雄, 1890~1951년) 등 20대를 주축으로 한 젊은 과학자들이 양자역학을 함께 구축해 나갔다.

무슨 이유로 작은 나라 덴마크의 한구석에서 이 같은 이론물리학의 꽃이 피었을까? 그 배경에는 여러 가지 요인이 있을 것이다. 원래 이런 종류의 '딱딱한' 학문은 독일인의 특기였다. 그러나 당시 독일은 패전으로 황폐해졌고, 학문 경쟁력 또한 바닥을 헤매고 있었다. 독일과 가까운 중립국에 위치한 작은 도시라는 점도 하나의 요인이었을 것이다. 오히려 괴팅겐처럼 오랜 전통을 가진 독일의 학문 중심지는 그러한 전통이 새로운 발전에 장애가 되었을 가능성도 있다. 그러나 뭐니뭐니 해도 코펜하겐 연구소의 전성기는 보어의 리더십과 그가 가진 보스 기질에서 비롯된 것이 가장 큰 요인이 아니었을까?

신과 주사위의 이야기

양자역학은 단순한 수학 공식의 운영뿐만 아니라 사상적인 내용도 포함하고 있다. 그리고 양자역학이 발전함에 따라 양자론의 개척자 중 한 사람인 아인슈타인은 코펜하겐식의 사고방식에는 따라갈 수 없다고 공개적으로 말하기 시작했다. 이윽고 양자역학의 사상을 둘러싸고 아인슈타인과 보어라는 세계 최고의 두 물리학자는 서로의 견해를 편지를 통해 주고받으며 치열하게 논쟁하게 되었다.

두 사람의 주장은 사상적인 내용을 포함할 뿐 아니라, 각자의 뿌리 깊은 자연관에 입각한 것이기 때문에 제3자가 이해하기 어려운 면도 있다. 그러나 쉽게 요약하면 다음과 같다.

코펜하겐 해석에 따르면, 물질의 존재나 상태는 애초부터 확률적인 의미만을 갖는다. 전자나 양성자와 같은 입자는 이를테면 여기에는 20퍼센트, 저기에는 10퍼센트, 거기에는 5퍼센트가 존재한다라는 식으로밖에 설명할 수 없으며, 그 이외의 것은 아무것도 말할 수 없다.

어디에 있는지를 확인하려면 측정 장치를 이용해 관측해야만 위치가 명확해진다. 또한 빛과 같은 입자는 측정 방법에 따라 입자로 보이기도 하고, 파동으로 작용하기도 한다. 관측되지 않은 상태에서는 입자이면서 동시에 파동이기도 하며, 이 두 가지 성격을 "더불어 지닌다"고 주장한다.

아인슈타인에게는 이런 사고방식이 도무지 마음에 들지 않았다. 확실히 결과적으로는 여러 번 같은 실험을 반복하면 통계적인 수치가 나온다. '여기에는 20퍼센트, 저기에는 10퍼센트'라는 식의 확률 자체를 부정하는 것은 아니었다.

그러나 그것은 어디까지나 인간이 입자의 위치를 알지 못하기 때문에 어쩔 수 없이 제시한 값일 뿐, 하나의 입자가 동시에 여러 위치에 존재한다고 보는 사고방식은 도저히 납득할 수 없었다.

우리가 모르는 곳에서 무엇인가 입자의 위치를 결정하는 요인이 있으며(아인슈타인은 이것을 자유도라고 불렀다), 실제로는 그것으로 입자의 위치가 결정된다고 생각했다. 다만 그 내부 자유도를 인간이 찾아낼 수 있느냐 없느냐는 별개의 문제였다. 어쨌든 물질의 상태라는 것은 본질적으로는 결정되어 있는 것이다. 입자의 위치가 그 근저에서도 정해져 있지 않고, 인간이 그것을 측정하려고 했을 때에 비로소 위치가 확정된다고 한다면 어떻게 될까? 아마 하늘에서 내려다보고 있는 신(神)이 이렇게 말하는 격이다.

"인간들이 입자의 위치를 찾고 있군. 그 위치는 신인 나도 몰라. 입자의 위치를 여기라고 할까, 저기라고 할까. 에라, 주사위라도 흔들어서 결정해 주자."

과연 이런 식으로 신이 주사위놀이에 의존한다고 믿을 수 있겠는가?

이것이 아인슈타인이 보어에게 제기한 주장이다. 즉, 통계적 결과만을 신뢰할 수 있으며, 비인과(非因果) 과정을 인정하지 않을 수 없다는 것은 양자역학이 이론체계로서 불완전한 증거라고 말하고 싶었던 것이다. 신과 주사위의 이야기는 두 사람의 논쟁 가운데서도 특히 유머러스한 일화로 널리 알려져 있다.

이에 대해 보어도 가만히 있지는 않았다. 그는 이렇게 응수했다.

"예로부터 사람들은 신이 하는 일을 인간의 일상적인 말로써 얘기하지 않도록 깊이 훈계하고 있습니다."

보어의 대답은 다소 틀에 박혀 있어 재미는 없었지만 결국 관측되지 않은 것은 자연과학의 대상이 될 수 없다는 코펜하겐파의 주장이 양자역학의 주류로 자리 잡게 되었다. 입자의 내부 자유도가 존재하더라도, 그 자유도가 신만이 아는 세계에서 어떤 방식으로 위치를 결정하든, 측정되지 않는 한 그것은 가상의 이야기일 뿐이다. 실험적 사실만을 중시하는 보어파의 주장이 자연과학의 원칙에 부합한다고 판단되었고, 결과적으로 코펜하겐 해석이 주류로 받아들여지게 되었다.

이상의 설명은 다소 간략화된 것이지만, 아인슈타인이 양자 세계에 대해 진지하게 고민하고 있었음은 분명하다. 그런 의미에서 보어식 사고방식이 물리학의 주류로 자리 잡았다고 하더라도, 그것이 곧 자연을 이해하는 유일한 관점은 아닐 수 있다. 1960년대에 들어서면서 런던대학교의 데이비드 봄(David Joseph Bohm, 1917~1992년) 등은 코펜하겐 해석에 대한 비판적 견해를 다시 제기하기 시작했다.

양자역학은 확실히 잘 정리된 학문 체계이며, 극미 세계를 설명하는 데 강력한 도구임에는 틀림없다. 그러나 그 깊은 근저에는 여전히 해결되지 않은 본질적인 문제들이 남아 있는 것도 사실이다. 그래서 어떤 사람은 이렇게 말한다.

"100명의 물리학자가 있으면 양자역학에 대해서는 100가지 해석이 있다."

힘을 키워온 나치스

보어와의 논쟁이 가장 활발했던 시기는 1920년대 후반, 즉 양자역학이 완성되던 무렵이었다. 바로 그때 베를린에 있는 아인슈타인의 집 근처에는 갈색 제복을 입은 청년들이 서성대기 시작했다. 히틀러를 따르던 시위대는 1923년 뮌헨에서 진압되었고, 히틀러 역시 한때 감옥에 갇혔다. 그러나 그는 8개월 만에 석방되었다. 과거의 동료였던 돌격대장 에른스트 룀(Ernst Röhm, 1887~1934년)과 손잡고 다시 활동을 시작했다. 돌격대라고는 하지만 실상은 나치스 연설회를 정리하거나, 청중을 위장한 당원들로 구성되어 다른 당의 연설회를 방해하는 등, 쉽게 말하면 부랑배들의 집단에 가까웠다. 그럼에도 그들의 수는 해마다 늘어났고, 이 갈색 제복의 청년단은 마침내 도심 곳곳에서 유대인들을 괴롭히는 폭력 집단으로 변해 갔다.

1929년 대공황이 닥치자, 베를린을 비롯한 독일 전역에서는 실업자들과 난동을 부리는 청년들이 도처에서 눈에 띄기 시작했다.

21

히틀러와 아인슈타인

상금 5만 마르크가 걸린 아인슈타인

1930년 말에 아인슈타인은 다시 미국으로 건너갔다. 그해 겨울을 캘리포니아 공과대학의 연구소에서 객원교수로 보내기 위해서였다. 로스앤젤레스의 동북부에 접한 패서디나(Pasadena)에 있는 이 연구소에는 마이컬슨의 제자 로버트 밀리컨(Robert Andrews Millikan, 1868~1953년)이 있었다.

밀리컨은 용기 속에 떠도는 작은 기름입자에 아주 근소한 전기를 주어 이 용기 안에 전계를 걸어줌으로써 전기의 최소 단위, 즉 전자가 가지고 있는 전기량을 측정한 물리학자였다.

이는 밀리컨의 기름방울 실험이라 불리며 이 공적을 인정받아 그는 1923년에 노벨 물리학상을 받았다. 당연히 마이컬슨의 연구를 통해 알게 된 광속도의 문제나 시간과 공간에 대한 사고방식 등 아인슈타인 상대성이론의 좋은 이해자이기도 했다. 밀리컨은 광전효과의 연구에 대해서도 논문을 발표하고 있다.

1921년 미국 첫 방문 때에는 상대성이론에 대해 각지를 순환하며 강연해야 했으나 이번엔 객원교수라 하여 조용히 연구에만 몰두하면 되었다. 이 패서디나 연구소에는 밀리컨의 노력 덕분에 우수한 학자가 모여 있었고, 유럽과 비교하면 자유로운 분위기에도 크게 매력을 느껴 1931년과 1932년 겨울에도 이곳에서 조용히 연구하며 보냈다. 1933년 유럽으로 돌아갔을 때는 이미 독일에 들어갈 수 없는 처지가 되어 벨기에 오스탕드(Ostende) 근처의 온천지 르코크슈르메르에 머물렀다. 독일에 남아 있던 친구가 그에게 5만 마르크의 현상금이 걸려 있다는 사실을 알려주었기 때문이다.

그는 이미 프로이센 과학아카데미에서 제명된 상태였다. 1914년에 주어진 명예 시민권도 박탈당했다. 독일 은행에 예금했던 재산도 압류당했다. 포츠담(Potsdam) 남서쪽 하벨(Havel) 호반에 세웠던 별장도 가택 수색을 당했다. 아인슈타인이 공산당과 결탁해 이 별장에 무기를 숨겼다는 혐의였고, 은행의 예금 몰수는 공산당의 혁명에 대한 자금 원조 때문이라는 구실이었다. '트집'도 이 정도가 되면 오히려 우스꽝스럽기까지 하다.

1929년 50세 생일 무렵엔 그래도 베를린 연구실에서 토론과 강연이 있었으나 그 후 3~4년 동안 왜 이토록 상황이 악화되었는지는 나치스의 대두와 팽창과 결코 관계가 없지 않다.

히틀러, 수상이 되다

나치스의 전신인 독일노동당은 제1차 세계대전 직후인 1919년에 결성되었다. 처음에는 당원 40명의 초라한 작은 당이었다. 제1차 세계대전에 하사관으로 참전했던 히틀러는 결당 후 얼마 지나지 않아 여기에 가담해 타고난 웅변 능력으로 금세 당의 간부로 승진했다. 그는 반유대주의를 내세워 반공정책의 실시를 주장했고, 특히 독일인에게 중압감을 주던 베르사유조약을 통렬하게 비판했다.

마침내 당은 국가사회주의 독일노동자당이라는 이름으로 바뀌게 되었다. 나치스란 이 당의 약칭이자 멸시가 담긴 호칭이었다. 히틀러는 이 당의 당수로서 두각을 나타내며, 당명이 가리키듯이 좌익과 우익의 장점을 교묘히 도입해 세계대전 후의 바이마르 정부를 공격해 나갔다. 1923년 뮌헨의 폭동을 일으켰다가 실패한 후 투옥되었다. 그때 옥중에서 쓴 『나의 투쟁』 상권과 그 후에 저술한 하권은 너무도 유명할뿐더러 히틀러의 본심을 잘 드러내고 있다.

그의 이상은 극히 웅대해 독일을 중심으로 하는 대제국(Reich)의 건설에 있었다. 신성로마제국을 제1의 라이히라 부르고, 비스마르크에 의해 통일된 호엔촐레른가(Hohenzollern家)의 나라가 제2의 라이히라고 말한다. 그리고 그는 비스마르크의 부국강병주의를 계승해 제3의 라이히의 설립을 의도하고 있었다. 라이히에 해당하는 뜻은 다른 책들과 마찬가지로 여기서도 제국(帝國)으로 번역하기로 한다. 그러나 히틀러 자신은 황제가 되려는 생각은 없었다. 뮌헨 폭동이 일어나고 10년 뒤 히틀러는 확실히 제3제국을 설립했다. 그리고 그는 제3제국은 앞으로 1,000년은 계속될 것이라고 호언장담했으나 그 '라이히'는 불과 12년 만에 허물어지고 말았다.

아인슈타인이 미국에 객원교수로 초빙된 1930년에서 1933년에 걸쳐 독일 국내는 급속히 나치즘으로 쏠리며 제3제국 성립의 전야제와 같은 분위기가 감돌았다. 바이마르공화국에는 대통령이 있었고, 그 밑에 수상이 있었다. 당시 대통령은 제1차 세계대전의 노장 힌덴부르크 (Paul von Hindenburg, 1847~1934년)였으나, 현재 미국 대통령과는 달리 단순한 국가의 상징일 뿐 실제 정무(政務)는 수상이 맡고 있었다. 수상은 국회에서 다수당의 당수가 선출되는 것이 보통이었으므로 결국 국회의

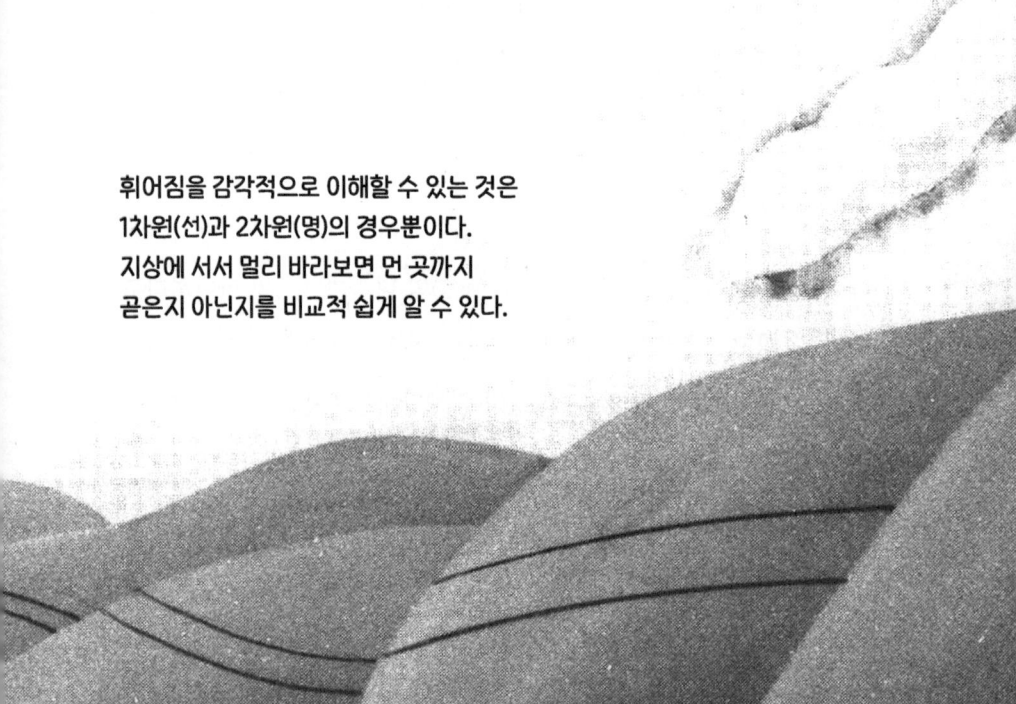

휘어짐을 감각적으로 이해할 수 있는 것은
1차원(선)과 2차원(면)의 경우뿐이다.
지상에 서서 멀리 바라보면 먼 곳까지
곧은지 아닌지를 비교적 쉽게 알 수 있다.

원의 수가 많은 당이 독일을 지배하게 되었다.

나치스 당원은 1928년에는 492석 중 불과 12명이었는데, 1930년에는 107명(577석 중), 1932년에는 단번에 230명으로 늘어나 제1당이 되었다. 그해 11월에는 196명(583석 중)으로 떨어졌으나 1933년 3월에는 288명(647석 중)으로 늘어났다. 이후 나치는 전권부여법(全權賦與法)을 국회에 가결해 그해 11월에는 661석을 독점하게 되었다.

1933년 1월 30일에 히틀러는 수상으로 임명되었고, 제3제국이 출범하게 되었다. 그 직후 독일 국회의사당에서 화재가 발생했으며[나치스의 간부 괴링(H. W. Göring, 1893~1946년)에 의한 방화설이 유력하다], 이를 공산당의 소행으로 몰아 이 당을 탄압해 버렸다. 이어서 5월 10일에 나치스에 의한 분서(焚書)가 있었고, 7월 14일에는 정당의 신설 금지법이 발포되었다. 이와 같은 역사 과정을 살펴볼 때 나치스의 독일 지배는 특히 1933년에 가장 심했으며, 아인슈타인이 그해 유럽을 떠나 다시 그곳을 밟지 않았던 이유도 충분히 이해할 수 있다.

프린스턴의 연구소

아인슈타인은 아내 엘자, 엘자의 막내딸 마르고트, 비서와 함께 1933년 10월 사우샘프턴(Southampton)에서 배를 타고 뉴욕으로 떠나, 이윽고 뉴욕 남서 70km쯤인 프린스턴(Princeton)으로 들어갔다. 인구

1만 2,000 정도의 작은 도시였으나 학원도시, 연구자의 동네로서 현재에도 잘 알려져 있다. 아인슈타인은 갓 창설된 고등연구소에 부임해 그 후 남은 생애를 이곳에서 보내게 되었다.

국제적으로 유명한 프린스턴 고등연구소는 미국의 교육가 플렉스너(A. Flexner) 박사에 의해 기획되었다. 오늘날 미국은 연구소의 왕국이라고 할 만큼 많은 저명한 연구소를 가지고 있지만, 제1차 세계대전까지 국제적인 주요 연구소의 대부분은 유럽에 있었다. 그로 인해 미국에서 유럽으로의 두뇌 유출이 계속되었다. 이것을 우려한 플렉스너는 강연과 저작으로 미국 국내에 연구소 설립의 필요성을 역설하며 활동했다. 직접적인 생산과 연계되지 않는 자금을 모으는 일은 당시 미국으로서는 어려운 사업이었다.

백화점의 경영자 밤베르거(L. Bamberger)와 그의 누이동생 풀드 부인(F. Fuld)은 플렉스너의 뜻에 호응하여 1930년, 이 연구소 설립 기금으로 500만 달러를 기부했다. 이 후원 덕분에 연구소 설립이 급진적으로 추진되어 사학(문학·법률·경제 등)과 수학(이론물리학을 포함) 두 부문으로 1933년에 발족하게 되었다. 제2차 세계대전 후 미국의 연구소들이 방대한 돈을 투입해 자연과학계의 연구소를 설립하고 있는 것과 비교하면 너무나 대조적이라는 느낌을 준다.

이 연구소는 연구자들이 완전히 자유로운 분위기에서 연구에 전념할 수 있도록 하는 것을 목표로 했으므로 강의와 그 밖의 의무는 전혀 없었다. 연구소는 18명의 종신 소원과 외국에서 초빙한 객원들로 구성되어 있었으며, 객원이라도 자유로이 토론하고 의견을 교환할 수 있는 체제로 운영되었다. 소원을 선발할 때는 국적, 인종, 종교, 성별은 전혀 고려되지 않았다.

연구소의 발족에 앞서 플렉스너는 유력한 학자를 초빙하기 위해 미국 내는 물론, 유럽에까지 발을 확장했다. 교육자였던 그는 연구소가 활발하게 활동하거나 쇠퇴하는 것이 우수한 학자를 모을 수 있느냐 없느냐에 달려 있음을 잘 알고 있었다.

1932년 초에 패서디나의 캘리포니아 공과대학에서 밀리컨을 찾아갔을 때 우연히 아인슈타인이 객원교수로 머물고 있었다. 그러나 연구소 창립 준비자였던 플렉스너에게 아인슈타인은 너무도 위대한 학자였다. 처음 만났을 때는 아인슈타인에게 연구소 구상을 털어놓고 조언을 얻은 데 불과했다. 같은 해의 봄과 여름, 두 사람은 각각 영국과 독일에서 만났고 마지막 포츠담에 있는 별장에서 협의로 아인슈타인은 프린스턴 고등연구소에 부임하기로 결심하게 되었다.

그해 1932년 말부터 이듬해 초에 걸쳐 또 한 번 캘리포니아 공과대학에서 객원교수로 계약이 되어 있었으므로, 실제는 1933년에 한 번 유럽으로 되돌아가서(앞에서 말했듯이 이때는 독일 국내에 들어가지 못하고 네덜란드에 머물고 있었다.) 1933년 가을에는 분명히 유럽과 이별을 고하게 되었다.

프린스턴 고등연구소의 자연과학계 학자는 거의 수학자였으나 물리학계에도 잘 알려진 헤르만 바일(Hermann Weyl, 1885~1955년)이 독일의 괴팅겐에서 참가했고, 또 젊은 측의 노이만(Johann Balthasar von

Neumann, 1903~1957년)도 베를린대학교에서 옮겨와 있었다. 바일은 군론(群論)을 사용하고 노이만은 힐베르트 공간의 이론으로 모두 양자역학의 발전에 크게 공헌한 학자들이었다.

이 연구소의 창립은 미국에서 두뇌 유출에서 유입으로의 커다란 전환점이 되었다. 이를테면 노이만은 헝가리에서 태어난 수학자인데, 베를린대학교 등에서 강사를 거친 후 프린스턴으로 건너와 이곳에서 연속기하학과 작용소환(作用素環) 이론을 완성했으며, 제2차 세계대전 기간 중 OR[operations research(작전 연구)] 분야에서도 활약한 것으로 유명하다.

수학을 활용해 적의 작전을 간파하고, 이를 수학으로 대처하는 방법을 생각했다. 이를테면 제2차 세계대전 중 일본군은 늘 미국의 방대한 물량(物量)으로 제공권과 제해권을 빼앗겼다고 말하지만, 제아무리 미국의 물량이 풍부하더라도 넓은 해양 곳곳에서 늘 폭격기를 출격시키고 있는 것은 아니었다. 요컨대 지혜를 활용한 것이다. 일본군은 미국 수학자의 OR에 빠져들어, 예를 들어 라바울(Rabaul)에서 대량의 병기와 양식을 뉴기니로 운반하는 도중 미국 항공부대에 발각되어, 싸우기도 전에 격침당하고 말았다.

그러나 창립기의 연구소에는 그런 전쟁의 기운은 전혀 없었다. 아니 제2차 세계대전이 한창일 때 조차 푸른 잔디가 깔린 넓은 연구소들은 평화롭기만 했다. 아인슈타인을 비롯해 많은 연구자들은 한가로이 여기를 산책하고 있었다.

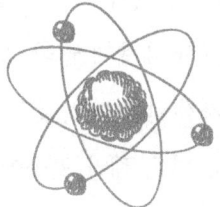

22

공간, 물질 그리고 핵에너지

1933년 가을에 프린스턴 고등연구소로 옮겨온 아인슈타인은 처음으로 안식처를 얻었다고 생각했다. 푸르름에 감싸인 신천지의 널따란 캠퍼스는 자객의 위협을 받았던 독일 연구소 생활과는 하늘과 땅만큼 차이가 있었다. 그는 바일과 노이만과는 자유롭게 독일어로, 미국 학자들과는 서투른 영어로 토론을 나누고 차를 마시며 한때를 보냈다. 출생 이후 54년 동안 거의 독일어권 안에서만 보냈고 그 후 22년간 미국에서 지냈으므로 독일어뿐 아니라 영어와 다른 언어도 잘했으리라 생각하기 쉽지만, 독일어 외에는 그렇지 않았던 듯하다. 물론 영어로 의사소통에 큰 불편은 없었지만 프린스턴에서 토론에 열이 오르면 무의식 중에 독일어가 튀어 나오곤 했다고 한다. 요컨대 위대한 물리학자라도 어학 재능은 별개였다. 거꾸로 말하면 어학에는 약하더라도 자연과학의 연구에 몰입하는 감각은 그것과는 별개라고 하겠다.

　미국으로 건너온 아인슈타인은 1905년의 특수상대성이론과 1916년의 일반상대성이론을 더욱 보편적인 것으로 통합하는 이론의 연구를 계속했다. 자연계의 무대는 상대성이론에서도 여러 번 언급했듯이 3차원의 공간과 1차원의 시간으로 구성되어 있다. 따라서 수식적으로 기술할 때는 4차원 공간을 설정하고, 이 시공간 속에서 모든 물리현상을 기술하는 것이 가장 간결하며 이치에 맞는다. 만약 이 세상에 물질이(물리적으로 말하면 질량이) 없다면 시공간은 직선적일 것이며, 그렇게 되면 연구할 대상은 아무것도 없게 된다. 이는 당연한 것이다. 물질이 존재하지 않는 세계는 전적으로 무의미하며, 물질이 있기 때문에 자연과학 아니, 더 쉽게 말하면 자연현상이라는 것이 성립하는 것이기 때문이다.

그런데 자연과학의 대상인 물질에 대해서는 1930년대에 들어서면서 그 구조가 상당히 해명되었다. 분자로부터 원자, 다시 원자핵과 그 주위를 도는 전자 행동까지 판명되었다. 전자 쪽은 그 자신이 분할될 수 없는 최종적인 입자이지만 원자핵은 초기(1920년대)에는 양성자와 전자(정확하게는 원자핵 내 전자)로 구성되어 있다고 생각되었다. 즉 헬륨 원자핵은 4개의 양성자와 2개의 전자, 산소 원자핵은 16개의 양성자와 8개의 전자라는 식이었다. 이러한 사고방식으로 원자핵의 양전하는 이치에 맞았으며, β붕괴로 원자핵에서 전자 1개가 튀어 나가면 그 결과 핵의 양전하가 1개 늘어나지만 질량은 거의 변화가 없다는 사실도 설명할 수 있었다.

그러나 이 간결한 가설은 유감스럽게도 성립하지 않았다. 이를테면 헬륨 원자핵(이것을 α입자라고도 부른다)의 각운동(角運動)이나 자기적(磁氣的)인 성질 등을 조사해 본즉 아무래도 4개의 입자로 구성되어 있다고 결론지을 수밖에 없었다. 결코 6개가 아니었다. 그래서 이 원자핵은 2개의 양성자와 전기를 갖지 않으면서 양성자와 비슷하게 무거운 2

개의 입자로 구성되어 있다는 사고방식이 지배적으로 되어 갔다. 이 전기를 띠지 않은 입자는 1932년 영국의 물리학자 채드윅(J. Chadwick, 1891~1974년)에 의해 중성자(中性子)가 발견됨에 따라 그 존재가 결정적인 것이 되었다. 채드윅은 제2차 세계대전 중에는 미국으로 건너가서 로스앨러모스(Los Alamos) 연구소에서 원자병기를 연구하게 되었다.

이런 까닭으로 전자, 양성자, 중성자 그리고 빛을 입자라고 본 광자(光子)가 물리학 속에서 궁극적인 입자(후에 소립자라고 불리는 것)로서 등장했다. 이것을 아인슈타인 상대성이론의 입장에서 고찰하면 입자가 있는 곳에서는 시공간이 극단으로 휘어져 있다. 입자의 운동은 역학적인 것이며 1920년대에 발달한 양자역학에 따라 운동하는 셈인데, 상대론적인 입장에서 말하면 시공간의 휘어짐 변화라고 생각해도 된다. 즉 입자는 공간의 성질이 어느 한 점에 응집한 것이라고 할 수 있다. 지금까지 일반상대성이론은 우주 공간이라는 광대한 장소만을 대상으로 해왔으나, 좀 더 현실적인 현상 속에도 사용될 수 있다는 의미에서 입자를 상대성이론의 관점에서 파악하는 접근은 획기적인 연구라고 할 수 있다.

또 아인슈타인은 평생의 작업으로서 '통일장의 이론', 즉 중력장의 전자기장(전자계)을 같은 '근저'에서부터 설명하려는 노력을 계속했다. 이 무렵 양자역학은 유럽의 젊은 물리학자에 의해 거의 완성되고 있었는데, 그 지도자인 보어의 사상에는 반드시 찬성할 수가 없어서 앞서 언급했듯이 보어와 주고받은 편지도 프린스턴으로 와서 이루어졌다.

격변하는 고향

아인슈타인이 미국으로 건너간 후의 유럽은 특히 그의 고향인 독일을 중심으로 격심한 변화가 일어났다. 1933년 12월에는 나치스와 독일 국가가 일원화되었다. 독일 군대는 베르사유조약에서 10만 명으로 제한되어 있었으나 나치스의 젊은이들로 구성된 돌격대는 수십만 명에 달하고 있었다. 돌격대 대장인 룀은 이를 정규군으로 편입시키려 했으나 본래 프로이센 귀족이 많은 엘리트 정규군 장교들이 맹렬히 반대했다. 이런 사정을 파악한 히틀러는 1934년 6월에 룀을 살해하고 정규군이 어디까지나 군의 중추임을 보여주었다.

한편 히틀러는 돌격대와 그 밖의 조직에서 우수한 인재를 선발해 친위대를 조직했다. 친위대는 히틀러의 근위연대(近衛聯隊)와 같은 성격을 띠었는데, 후에 그 수가 증대하고 제2차 세계대전이 일어난 후에는 독일군 수뇌부의 대부분이 친위대원으로 굳혀졌다. 검은 제복과 제모에 몸을 감싸고 키가 크며, 역 만자(卍) 기호의 완장을 두른 군인을 나치스 시대의 영화 등에서 흔히 보이는데, 이들이 친위대원이었다. 그들은 히틀러와 독일 국가에 충성을 맹세했으며, 그 때문에 1935년 9월 15일에 발포된 "유대인 탄압의 뉘른베르크(Nürnberg)법"을 실행하게 되었다. 유대인들은 초기에는 돌격대라는 폭도들에게 습격당했고, 그 후에는 법률에 따라 강제수용소(Ghetto)에 갇혔으며, 제2차 세계대전 말기에는 독일군의 자포자기적인 심리와 후퇴라는 혼란 속에서 대량으로 학살되었다.

1934년 8월 2일에 대통령 힌덴부르크가 세상을 떠나자, 히틀러는 이를 기회로 삼아 기존 대통령과 수상인 이원제 기구를 고쳐 일원화하고 그 자리를 '총통(總統)'이라 부르며 스스로 그 자리에 올랐다. 이제 독일은 명실공히 나치스, 히틀러의 것이 되었다. 그해 9월, 뉘른베르크 교외 체펠린(Zeppelin) 광장에서 열린 나치스대회에는 수만 명의 당원과 히틀러 청년단이 집합해 대규모 시위를 전개했다. "의지와 승리"라는 이름의 이 대회에서는 곳곳에 역 만자기가 나부끼고 대중은 당가를 합창하며 신흥 제3제국의 번영에 흠뻑 도취되었다.

　히틀러는 1936년 베를린 올림픽을 이용해 나치의 위력을 과시했으며, 이 해에 시작된 스페인 내전에는 이탈리아의 무솔리니(B. Mussolini, 1883~1945년)와 결탁해 프랑코(F. Franco, 1892~1975년)를 도와주었다. 무솔리니와의 회담에서 독일과 이탈리아는 세계의 축(軸)이 되어야 한다고 주장했으며, 이후 독일과 이탈리아에 일본이 참가한 연합을 추축국(樞軸國)이라 부르게 되었다. 이에 대해 영국과 미국 쪽이 연합국(聯合國)이 되었다. 1938년에는 독일은 오스트리아를 병합하고 이어 체코슬로바키아를 지배하에 두었으며, 1939년 9월 1일에는 폴란드를 침공해 제2차 세계대전이 시작되었다.

'핵분열'의 구주 탈출극

아인슈타인의 특수상대성이론 속에 "질량은 곧 에너지와 같은 것이다"라는 공식이 있다. 이론적으로는 1g은 에너지로 환산해 100조 줄(J), 이것을 고스란히 TNT화약의 폭발력으로 환산하면 2만 톤, 즉 후에 일본의 히로시마에 투하된 원자폭탄 정도의 위력이 된다.

질량을 모조리 에너지로 변환시키는 것은 비현실적인 이야기지만 설사 그것의 1퍼센트를 폭발력으로 바꿔 놓기만 해도 굉장한 위력의 폭탄이 만들어진다. 이 원리는 일찍부터 과학자에게 알려져 있었고 만약 그것을 실현한다면 큰 원자의 원자핵을 파괴해서 다른 작은 원자로 해버리는 것이 가장 가능성이 큰 방법이라는 것도 알고는 있었다. 그러나 정말로 그것이 가능할까? 그 원리를 아는 사람들에게는 큰 관심거리였다.

그런데 아인슈타인이 미국으로 건너간 지 5년 뒤 독일의 화학자 오토 한은 우라늄에 중성자를 조사했을 때 원자핵 분열이 일어난다는 사실을 발견했다. 베를린에서 이 획기적인 발견이 이루어지고 있을 무렵, 히틀러는 뮌헨에서 무솔리니, 영국의 네빌 체임벌린(Arthur Neville Chamberlain, 1869~1940년), 프랑스의 달라디에(Edouard Daladier, 1884~1970년)와 회담을 열어 체코슬로바키아 일부를 약탈했고, 극동에서는 중국을 침략한 일본 군대가 서주(徐州) 공략의 대작전을 마친 뒤 한커우(漢口)를 공격하고 있었다.

오토 한은 프랑크푸르트에서 태어나 처음에는 유기화학을 연구해 학위를 받았으나 스물다섯에 런던으로 가서 윌리엄 램지(Sir William Ramsay, 1852~1916년)의 지도로 방사성 물질을 연구해 라디오토륨(radiothorium)을 발견하고 이어서 핵물리학 실험가 러더퍼드 밑에서 라디오악티늄(radioactinium)을 발견했다. 1906년에 베를린대학교의 유기화학자 한스 피셔(Hans Fischer, 1881~1945년)의 연구실에 들어가서는 메조토륨(mesothorium)을 발견했으며, 1910년에 베를린대학교 강사 그리고 교수로 승진했다. 1912년에 신설된 카이저-빌헬름 연구소 화학부 연구원이 되어, 1918년에는 협력자 리제 마이트너(Lise Meitner, 1878~1968년)와 함께 프로트악티늄(protactinium)을 발견하고 1921년에는 처음으로 핵이성체(核異性體)인 우라늄 제트를 발견했다. 핵분열의 발견도 프리츠 스트라스만(Fritz Strassmann, 1902~1980년)과의 공동연구였지만 어쨌든 오토 한은 동위원소(同位元素)의 발견 외길로 살아왔다고 말할 수 있다. 그런 그가 마침내 원자폭탄의 기초가 되는 현상을 발견한 것이다.

여기서 잊어서 안 될 인물이 오토 한의 협동 연구자 마이트너이다. 빈에서 태어난 여류 물리학자인 그녀가 없었더라면, 그녀가 유대인이 아니었더라면 미국의 원자폭탄 제조는 좀 더 늦어졌을지도 모른다. 그녀는 빈에서 공부하고 1926년에는 베를린대학교 교수 겸 카이저 빌헬름 연구소 연구원으로 있으면서 오토 한과 함께 30년 동안 방사능 연구를 계속했다.

나치스의 유대인에 대한 탄압이 가혹해지자 아인슈타인과 같은 거물에게는 1933년 당시 이미 현상금이 붙어 쫓기는 신세가 되었다. 1938년으로 들어서면서 나치스의 유대인 사냥은 거의 무차별하게 시작되었다. 마이트너도 신변의 위협을 느낀 데다 연구소원들의 권고로 몰래 베를린을 탈출한 뒤 네덜란드를 거쳐 스웨덴으로 피신했다. 그곳에서 물리학자인 조카 프리쉬(O. Frisch, 1904~1979년)와 함께 핵분열 사실을 확인하고, 1938년 말 코펜하겐의 보어에게 그 상세한 내용을 알렸다. 마침 보어는 아들과 함께 미국 프린스턴으로 출발하기 직전이었기 때문에 이러한 경로로 "원자핵 분열의 성공" 소식은 아인슈타인의 귀에도 전해졌다.

23

프린스턴의 석양

대통령 각하에게 드립니다

질량 자체가 에너지로 변화한다는 발상은 본래 아인슈타인이 1905년에 제창한 특수상대성이론의 결론 중 하나였다. 다만 이치상으로는 그렇더라도 현실에서 질량을 에너지로 변환시키는 수단을 인간은 알지 못했다. 계산상으로는 1g의 질량이 훗날 일본의 히로시마에 투하된 원자폭탄 정도의 막대한 위력을 지니게 되지만 그 방법은 아직 개발되지 않았다. 화약의 폭발, 수소와 산소의 화합, 또는 탄소와 산소의 화합[탄갱 안 등에서의 탄진(炭塵)의 폭발] 등은 확실히 위력은 크지만 도저히 질량의 변환이라고는 말할 수 없다. 이는 단순한 화학반응에 불과하며, 반응 전후에는 오히려 질량 보존의 법칙이 성립하는 것이다.

질량의 전부는 아니라 하더라도, 그 100분의 1 또는 1,000분의 1이라도 에너지로 바꾸려면 분자를 변화시켜 화학반응이 아닌 원자 자체를 다른 원자로 만드는 원자핵 반응이 아니면 안 된다. 이는 원자핵을 연구하던 물리학자나 화학자들이 생각하고 있었는데 그것이 한(Hahn)에 의해서 실증된 것이다. 그리고 이 소식은 마이트너, 프리쉬, 보어를 거쳐 미국에 전해졌다.

미국에는 1938년에 파시스트당에 의해 이탈리아에서 쫓겨온 페르미(Enrico Fermi, 1901~1954년)가 있었다. 그는 그해 "중성자 충격에 의한 새 방사성 원소의 연구와 원자핵 반응의 발견"에 의해 노벨 물리학상이 수여되었는데 연구 주제 그대로 핵의 연쇄반응에 대해 충분한 지식과 큰 관심이 있었다. 헝가리에서 태어난 질라드(Leo Szilard, 1898~1964년)와 함께 중성자에 의한 연쇄반응의 가능성을 확인하고 이 상세한 결과를 가지고 프린스턴대학교 위그너(Eugene Paul Wigner, 1902~1995년) 교수를 찾아가, 교수와 함께 원자핵의 연쇄반응이 실현성을 아인슈타인에게 설명했다.

33년 전의 '질량=에너지' 식은 이제 꿈도 아니고 '단순한 이론'도 아닌 현실이 되었다. 더욱이 그 에너지는 순식간에 폭발하는 수만 개의 대형 폭탄과 맞먹으며, 가령 병기로 사용될 때는 그 파괴력이 정말로 상상조차 못 할 만했다. 오토 한의 실험 이후 핵분열의 가능성을 알게 된 학자들은 연구를 통해 우라늄의 동위원소인 우라늄 235가 핵분열을 일으키는 데 가장 효과적임을 확증했다. 유럽을 모조리 휩쓸어 정복하기를 호시탐탐 노리고 있던 독일이 이 획기적인 발견을 그냥 넘길 리 없었다. 기초과학과 응용에 뛰어난 독일인이 이것을 이용해 특수 폭탄을 만들지도 모른다.

특히 주목해야 할 일은 독일이 점령하에 있는 체코의 우라늄 자원에 대한 판매를 정지시켜 버린 사실이다. 그래서 페르미, 질라드, 위그

너는 아인슈타인에게 "일각이라도 바삐 이 사실을 미국 정부에 알려서 나치스보다 먼저 이 특수 병기를 소유하지 않으면 안 된다"라고 설득했다. 당시 아인슈타인의 심정은 지금에 와서 추측할 길이 없으나 상당히 복잡했을 것이다. 스스로가 수립한 이론을 기초로 한 가공할 폭탄을 제조하자는 진언이었다. 어쩌면 본의가 아니었을는지는 몰라도, 이 사실을 미국 정부에 알리는 것이 과학자로서, 나아가서는 예언자로서의 마땅한 의무일 거라고 믿기에 이르렀다.

보통의 나라라면 정부 당국에 대한 건의는 아래서부터 몇 단계의 절차를 거쳐 이루어지지만, 과연 민주주의 국가인 미국에서는 대통령에게 대한 건의는 편지 한 장이면 족하다. 아인슈타인이 원자폭탄의 가능성을 설명하고 즉각 그 제조에 들어가야 한다는 편지를 루스벨트(Franklin Delano Roosevelt, 1882~1945년) 대통령에게 보낸 것은 1939년 8월 2일이었다. 유럽에서는 독일이 오스트리아를 병합하고 체코슬로바키아를 지배하에 넣고 폴란드로 침공하려는 한 달 전, 즉 제2차 세계대전이 일어나기 한 달 전이었다. 극동에서 노몬한(Nomonhan)에서 소련군과 일본군이 치열한 국지전을 전개하던 시기로, 일본군의 퇴색이 짙던 무렵이었다.

루스벨트 대통령은 아인슈타인의 제안을 받아들여 즉시 이를 실행에 옮기기로 했다. 오펜하이머(J. Robert Oppenheimer, 1904~1967년, 이론물리학자)를 지도자로 하는 원자폭탄 제조 프로젝트는 암호명을 "맨해튼 계획(Manhattan project)"이라 부르고 처음에는 맨해튼에 사무소를 가지고 있었으나 얼마 후인 1942년에 뉴멕시코주 북부의 로스앨러모스에 광대한 비밀공장이 만들어지게 되었다.

특수상대성이론, 히로시마·나가사키에서의 폭발

제2차 세계대전 초기에는 미국인의 생활은 군수공업 등의 특수한 부문을 제외하면 평온한 나날이 계속되었다. 프린스턴 고등연구소의 푸른 잔디는 유럽의 전운(戰雲)이나 극동의 분쟁과는 상관없이 그저 아름답기만 했다. 1938년에 아인슈타인은 제자인 인펠트(Leopold Infeld, 1898~1968년)와 협력해『물리학은 어떻게 만들어졌는가』라는 계몽서를 저술했는데 이 책은 지금도 과학 애호가들 사이에서 사랑받고 있다.

1930년대 후반에는 유럽에서 미국으로 이주해 오는 사람들, 특히 유대계 사람이 많았으나 미국 시민권을 얻는 일은 쉽지 않았다. 세계적 물리학자인 아인슈타인조차도 예외는 아니었다. 일단 버뮤다(Bermuda)의 영국 식민지로 주거를 옮겨 그곳의 미국 영사에게 시민권을 신청하고, 다시 미국으로 입국하는 복잡한 절차가 필요했다. 그가 스위스 국적을 가진 채로 또 미국 시민권을 얻게 된 것은 미국으로 건너온 지 7년째인 1940년이었다.

페르미의 경우에는 사정이 더 나빠졌다. 핵분열 연구의 전문가이자 더욱이 양자역학의 발전에 큰 역할을 한 그는 이탈리아인이었다. 미국은 이후에 일본, 독일, 이탈리아와 교전하게 되고 페르미가 미국 시민권을 얻게 되는 것은 이탈리아가 항복한(1943년) 후의 일이었다.

관용의 나라라 일컬어지는 미국에서도 국적 문제는 원만하게 해결되지 않는 듯하다. 어쨌든 다양한 국적의 사람들이 모여서 저마다 생활을 꾸려 나가는 미국에도 유럽 동란에 관한 소식은 날마다 전달되었다. 1939년 9월 1일 히틀러는 폴란드 침공을 개시해 금세 점령해 버렸다. 9월 28일 스탈린(Joseph Vissarionovich Stalin, 1879~1953년)과 손을 잡고 이를 소련과 분할했다. 9월 3일에는 영국과 프랑스가 독일에 선전포고하여 제2차 세계대전이 시작되었다. 1940년 4월, 독일군은 덴마크와 노르웨이에 군대를 진주시켜 주둔하게 되었다. 같은 해 5월에 독일군은 네덜란드, 벨기에를 통과해 프랑스로 쏟아져 들어갔고, 6월 14일에는 파리에 무혈 입성했다. 영국 점령이 불가능하다고 본 히틀러는 1941년 6월 총구를 소련으로 돌려 소련 국내로 깊숙이 침공해 들어갔다.

아인슈타인이 가장 싫어한 전체주의적인 집단, 즉 훈련된 독일군단의 화려한 시기는 이 무렵까지였다. 이윽고 소련은 선천적인 강인성을 발휘해 1941년 말까지 스탈린그라드(Stalingrad)와 레닌그라드(Leningrad) 방위전을 견뎌냈다.

여기서 일반 미국인에게는 예기치 않는 사태가 일어났다. 일본의 미국, 영국 두 나라에 대한 선전포고였다. 상층부에서는 충분히 예측되었던 일이지만 일반 미국인들에게는 전혀 뜻밖의 갑작스러운 일이었으며 자국의 진주만에 대한 기습은 실로 용서할 수 없는 난폭한 행동이라고 생각되었다. 다민족 국가인 미국이 12월 7일 아침 한순간의 상태로 말미암아 일본을 굴복시키는 일과 공공연히 히틀러를 공격하는 일을 가지고 단결할 수 있었다.

젊은이는 전선으로 소집되고, 병기공장 등에서는 밤을 새워가며 조업했으나, 물론 일본의 전시 상황처럼 형편없는 상태까지는 이르지 않았다. 당연히 맨해튼 계획에도 특별한 조처가 가해지고 방대한 물자가 투입되어 수많은 과학자와 노동자가 여기서 일하게 된다.

1942년에는 아직도 고된 전투가 강요되던 연합군도 1943년에는

전망이 밝아지고, 그해에는 추축국 이탈리아가 먼저 탈락했으며, 1944년에는 유럽 전선에서 완강히 저항하는 독일군을 배제했고, 태평양 전선에서는 필사적으로 방위하는 일본군을 요소 요소에서 전멸시켜 1945년 5월에는 베를린으로 돌입하여 독일을 항복시켰다.

맨해튼 계획이 열매를 맺어 원자폭탄이 완성된 것은 이해 초여름이었다. 7월 16일 미명, 뉴멕시코의 알라마고도(Alamagordo) 근처 사막에서 최초의 신형 병기가 폭발했다.

여기에 입회했던 마이트너의 조카 프리쉬는 이렇게 했다.

"그 거대한 번쩍임은 마치 누군가 스위치를 틀어 태양에 불을 켠 것

구면과 같이 휘어진 면에서는 평행이어야 할 두 선이 평행을 유지하지 못한다. 이를테면 지구의 적도 위에서 평행인 두 가닥의 선(경선)은 북극에서 교차해 버린다.

과 같았다."

　이 폭탄을 일본에 사용할 것인지, 만약 사용한다면 어떤 방법을 취해야 할 것인지가 과학자와 군인들 사이에 토의되었다. 이때 누가 어떤 발언을 했는지는 밝혀지지 않았다. 그러나 불행하게도 8월 6일에 우라늄형 폭탄이 일본의 히로시마 상공에서, 이어 8월 9일에는 플루토늄형 폭탄이 나가사키 상공에서 터졌다. 이리하여 제2차 세계대전은 끝났다.

　아인슈타인은 원자폭탄이 일본의 도시를 파괴시켰다는 소식을 들었을 때 "오! 얼마나 비통한 일이냐"는 뜻의 독일어를 한마디 내뱉은 뒤 입을 다물었다. 나중에 "독일이 원자폭탄 제조에 성공하고 있지 않았음을 알고 있었더라면 나는 여기에 관해서는 아무 일도 하지 않았을 것이다"라고 말했다고 한다. 원래 물리학의 기초이론에 지나지 않은 이론이 설사 전쟁이라는 부득이한 사태이기는 하나 이런 형태로 적용된 것은 참으로 침통하기 그지없었다.

열쇠는 인류의 마음속에 있다

　불행한 살인 병기의 출현으로 제2차 세계대전은 종말을 고하고 다시 평화가 찾아왔다. 그러나 히로시마와 나가사키에서 수십만 명의 일본인을 살육한 원자병기의 무참함에 뜻있는 사람들은 전율을 금치 못했다. 아인슈타인은 미국 대통령에게 원자폭탄 제조를 건의하는 편지를 보냈으나 그 후의 계획에는 전혀 관계하지 않았다. 그러나 1945년 여름의 참상을 알게 되자 누구보다도 마음 아파했다.

당연히 핵병기에 대한 비판, 금지 요청, 반대 운동이 대두했다. 원자핵 변환으로 생기는 막대한 에너지와 그 무서움을 일반 대중에게 알리기 위해 '원자 과학자 협회'가 결성되었고, 아인슈타인이 회장으로 뽑혔다. 그는 이 협회를 통해서 원자력의 해방이 선악(善惡) 어느 방법에도 이용될 수 있으며, 이 상태로 분별없이 개발만 진행된다면 인류는 멸망에 이르게 될 것이라고 강조했다. 그리고 강연의 마지막에는 늘 "원자 에너지 문제를 해결하는 열쇠는 인류의 마음속에 있습니다"라는 말을 덧붙이기를 잊지 않았다.

많은 지식인이 원자폭탄의 사용 금지를 위해 궐기했는데 특히 영국의 수학자(또 철학자이자 사회학자) 러셀(Bertrand Russell, 1872~1970년)은 이 운동에 적극적으로 나섰다. 그는 본래 자유주의자로서 일찍부터 평화운동에 종사했고 제1차 세계대전에서는 정부의 정책에 반항해 금고형에 처하기도 했다. 제2차 세계대전 후에는 원자폭탄의 출현에 경악해 "우리 인류는 지구 위의 모든 생명이 절멸되지 않으면 그 어리석음을 깨칠 수 없는 걸까? 핵병기의 금지는 공산주의라든가 자유주의라든가 하는 이데올로기를 초월하는 중요 과제다"라고 역설했다. 아인슈타인은 일곱 살이나 연장자인 러셀과 사상적인 공명을 얻자, 그 후 개발된 수소폭탄까지도 대상으로 포함시킨 러셀, 아인슈타인을 중심으로 하는 원·수폭 금지의 공동선언으로 발전해 갔다. 이 생각을 바탕으로 제1회 국제 과학자 회의가 1954년 7월, 캐나다의 퍼그워시(Pugwash)에서 개최되어 핵병기 절멸을 제창하게 되었다. 이 회의에는 폭격을 당한 일본에서도 유가와(湯川秀街), 도모나가(朝永振一郎) 등이 참가해 과학자의 핵병기에 대한 기본적 태도를 밝혔다. 그 이듬해인 1955년에 과학자 11명에 의한 선언문이 작성되고 4월 11일에 아인슈타인도 여기에 서명하게 되는데 그때 그의 생명은 며칠 후면 사라질 운명에 있었다.

평화, 노인, 소녀

프린스턴에서의 아인슈타인은 1945년에 "비대칭(非對稱) 텐서에 의한 통일장이론"을 발표하고 1949년에는 "일반화된 중력이론"을 마무리했으나 이때부터 그의 건강이 좋지 않았다. 1938년에는 두 번째 아내 엘자를 잃었고 또 원자폭탄이라는 이상 상태의 출현 탓도 있었다. 간장을 침범당해 담배를 끊고 채식주의를 택하고 있었다. 이듬해 1월에 뉴욕시 브루클린(Brooclyn)의 병원에서 수술을 받았으나 경화되어 크게 부풀어오른 대동맥은 포도알만 한 크기여서 얼마 후에는 구멍이 뚫어질 것으로 예상되었다. 물론 심한 활동은 불가능했고 자택과 연구실에서 조용히 지내는 것이 생활의 전부였다. 평화운동에서 이따금 그의 이름을 대할 수 있었으나 회의 등에 얼굴을 나타내지 못한 것은 주로 건강상의 이유 때문이었다.

이윽고 우라늄 등의 분열과는 별도로, 중수소와 리튬이 연쇄적으로 융합해 거대한 에너지를 방출하는 이른바 수소폭탄이 만들어지게 되었다. 미국과 소련의 냉전 때문에 수소폭탄의 개발은 점점 확대되어 갔다. 원자폭탄 제도의 계획을 세웠던 오펜하이머는 이번에는 수소폭탄 제조에 반대 측으로 돌아섰으나, 반소적 경향이 강한 아이젠하워 (Dwight David Eisenhower, 1890~1969년) 대통령은 오펜하이머를 공직에서 추방하고 말았다.

아인슈타인은 이 정부의 조처를 유감이라 하여 변호 준비를 했으나 그의 힘으로서도 미국 정부의 방침을 바꿀 수는 없었다.

1955년 이스라엘 대사는 건국 7주년 기념행사 중 하나로 아인슈타인에게 텔레비전을 통한 연설을 요청했는데, 이미 그의 건강이 허락지 않아 이 이야기는 흐지부지되었다. 이윽고 같은 해 4월, 원·수소폭탄 반대 성명에 다른 10명의 과학자와 함께 서명한 이틀 후 마지막 병상에 누웠다. 그리고 4월 18일, 위대한 물리학자는 심장동맥의 파열로 76년간의 생애를 마감했다. 프린스턴의 병원에는 의붓딸 마르고트와 지난 20년간 생활을 함께 해온 비서 듀커스(H. Ducka)가 밤낮으로 곁을 지켰고, 버클리에서 비행기로 뉴욕으로 날아가 다시 프린스턴으로 달려온 아들 한스와도 마지막 이야기를 나눌 수 있었다. 아인슈타인은 고통을 표정에 드러내지 않으며 아들과 의사를 상대로 과학과 정치에 대한 이야기를 나누었다고 한다.

생전의 희망에 따라 아인슈타인의 공적인 장의는 없었다. 불과 수십

프린스턴의 부드러운 저녁 빛살이 백발의 노인과
어린 소녀의 등을 언제까지고 비추고 있었다.
그 광경이 사람들의 눈에 인상 깊게 새겨졌다고 한다.

명의 가족과 친구들이 화장에 입회하고 유골은 엘자와 같은 무덤에 묻혔다.

세계적인 대학자의 장례 의식으로는 너무나 검소했을지 모르나 만년의 그를 알고 있는 친한 친구의 눈에는 아인슈타인 노인에게 걸맞은 최후라고 느껴졌다고 한다. 좋은 할아버지로서의 그는 근처의 집 뜰 앞 따위에서 이따금 소녀들과 시름없는 웃음을 나누었다.

"할아버지, 이 기하 문제 너무 어려워요. 어떻게 풀면 되죠?"
"어디 봐, 흠, 두 개의 원에 공통의 접선을 긋는 문제군. 음 좀 줘봐. 알겠니, 이렇게 해서 이렇게 직선을 긋고 말이야……그래, 이렇게 하면 답이 나오잖아……."
"아! 정말 할아버지 실력이 굉장하신데……. 이런 어려운 문제를 금방 풀다니, 정말 놀랐어요."

거기에 있는 것은 세계적인 과학자도 아니요, 20세기를 대표하는 위인도 아니었다. 천진난만한 소녀와 착한 인자한 할아버지의 정다운 대화였다. 프린스턴의 긴 하루가 저물 무렵, 부드러운 석양빛이 노인과 어린 소녀의 머리를 어루만지고 있는 광경은 그를 아는 사람들의 눈에 인상 깊게 새겨져 있었다고 한다.

옮긴이의 말

오늘날 초등학생부터 일반인까지 "위대한 과학자"를 내세울 때는 으레 '아인슈타인'의 이름을 앞세운다. 상대성이론의 창시자로서 20세기 최대의 과학자인 아인슈타인은 위대한 과학자이자 열렬한 평화론자로서, 다른 누구보다도 평화를 사랑하는 뜨거운 열의를 간직하고 있었다.

그는 또 인간으로서 겪어야 했던 숱한 우여곡절의 역경을 걷기도 했다. 더욱이 양자론이나 상대성이론처럼 어려운 학문을 연구하면서도 평생 쉬운 말과 글로 과학을 일반 사람들에게 일깨워 주려고 노력한 이 위대한 과학자의 따뜻한 마음씨는 그가 떠난 지 30년이 지난 지금까지도 뭇사람의 추앙을 받고 있다.

이 책은 『열 살부터의 상대성이론(都筑卓司)』(고단샤 刊)을 우리말로 옮긴 것이다. 원저의 제목으로도 미루어 볼 수 있듯이, 이 책의 내용은 아인슈타인의 어린 시절부터 말년의 프린스턴 고등연구소 시절까지 그의 학문과 인간의 역정을 쉽고 재미있게 서술해 누구든지 이 위대한 과학자의 생애를 부담 없이 접근할 수 있게 한다.

최근 첨단기술의 선풍을 비롯해 과학기술에 대한 뜨거운 관심이 나라

안팎에 팽배한 요즈음, 아인슈타인의 생애를 통해 새삼 과학의 의미를 찾고 다시 음미해 보는 것도 '과학문명 시대'와 함께 숨 쉬고 있는 우리에게는 매우 뜻있는 일이라고 생각된다.

특히 과학영재의 꿈을 키워 가는 젊은이들에게는 훌륭한 읽을거리가 될 것이라 믿는다.